आपण कुठून आलो ?

भारतीयांचा डी.एन.ए. प्रवास

नरेंद्र हरिदास शहारे

notionpress.com
INDIA · SINGAPORE · MALAYSIA

ISBN

Hardcase 979-8-90392-624-4
Paperback 979-8-90342-654-6

अनुक्रमणिका

प्रास्ताविक

पारंपरिक पद्धतीने इतिहास संशोधनामध्ये वेगवेगळ्या पुराव्यांचा आधार घेतला जातो जसे काही इतिहासिक लिखाण, शिलालेख, उत्खानात मिळालेले साहित्य किंवा तत्कालीन एखाद्या व्यक्तीने लिहून ठेवलेला दस्तावेज. परंतु आधुनिक विज्ञानाने आता असे पुरावे देऊ केले आहेत कि ज्याला नाकारणे शक्य नाही.उदाहरण द्यायचे तर जीवशास्त्र विषयात विकसित झालेलं आधुनिक 'आण्विक जीवशास्त्र'. या शाखे मध्ये अगदी लाखो वर्षापूर्वी गडप झालेल्या एकाद्या जीवाश्माचा डी.एन.ए. वेगळा करून त्याचे विश्लेषण करायचे आणि त्यावर आधारित निष्कर्ष काढायचे. या पद्धती मुळे बऱ्याच प्रागैतिहासिक तथ्याना भक्कम पुरावा मिळाला आहे. सोबतच काही प्रागैतिहासिकतत्थे सुद्धा बदलेली आहेत. या आधुनिक विज्ञानशाखेने जी तथ्य समोर आणली आहेत ती तथ्य सर्वांना समजतील अश्या स्वरुपात समोर येणे गरजेचे आहे. म्हणून एक इतिहासाचा नव्हे तर विज्ञानाचा अभ्यासक म्हणून हे पुस्तक लिहिण्याचा प्रयत्न करीत आहे. यात कुठेही इतिहास लिहिण्याचा प्रयत्न नसून आधुनिक विज्ञानाने जे पुरावे शोधून काढले आणि त्यांचा वैज्ञानिक पद्धतीने अभ्यास करून जे निष्कर्ष काढले त्याचाच परामर्श घेतलेला आहे.

पुस्तकाची सुरुवात अगदी मुलभूत प्रश्नाने केलेली आहे तो प्रश्न म्हणजे खरंच उत्क्रांती घडली काय? याचे उतर हो उत्क्रांती घडली असेच आहे. आणि जोपर्यंत हे आपण मान्य करीत नाही तोपर्यंत आपण कुठून आलो? या प्रश्नांचे वैज्ञानिक उत्तर शोधण्याची गरजच पडत नाही. कारण ईश्वर

निर्मित सृष्टी आणि ईश्वर निर्मित मानव या संकल्पनेत आपण कुठून आलो या प्रश्नांच्या उत्तराकरिता वैज्ञानिक उतर शोधण्याची गरजच शिल्लक राहत नाही. याचे अतिशय सोपे उत्तर आपल्याला सापडते ते म्हणजे आपल्याला म्हणजे मानवाला ईश्वराने घडवले. आणि मग देवाने मानवाला सरळ होमो सेपियंस किंवा बुद्धिमान मानव म्हणूनच घडवले असेल त्याला आधी 'होमो इरेक्टस' किंवा त्याहि आधीचा मानव पूर्वज म्हणून का घडवले असेल? म्हणूनच कदाचित भारतातील आणि जगातील देवावर विश्वास ठेवणारे डार्विनच्या उत्क्रांतीला विरोध करताना दिसतात. परंतु होमो सेपियंस किंवा बुद्धिमान मानव हा उत्क्रांतीच्या प्रक्रीयेनीच घडला याला जीवाश्माच्या स्वरुपात आणि मानवी शरीरात असंख्य पुरावे उपलब्ध असल्याने आता याचे उत्तर आपल्याला वैज्ञानिक पद्धतीनेच शोधावे लागेल. उत्क्रांती ही जरी एक जीवशास्त्रीय प्रक्रिया असली तरी मानवाचा बौद्धिक विकास, सामाजिक विकास आणि आधुनिक विकास याच उत्क्रांतिनी घडवून आणला आहे त्यामुळे आपण कुठून आलो? या प्रश्नांचे उतर उत्क्रांतीवादी बनूनच शोधावे लागेल.

आपण कुठून आलो? या प्रश्नांचे वैज्ञानिक उतर आपल्या पेशीमधील एक जैवरसायन डी.एन.ए.अगदी खात्रीलायक पणे देऊ शकतो. हजारो वर्षांच्या आधीच्या मानवांचे अवशेष शोधून व त्यामधील प्राचीन डी.एन.ए. वेगळा करून आपले पूर्वज कोण होते हे आपल्याला शोधता येते.पेशीमधील माइटोकॉन्ड्रियल डी.एन.ए. आणि वाय-क्रोमोसोम डी.एन.ए. यांच्या हप्लोग्रुप च्या आधारावर आपली वंशावळ शोधून आपल्या पूर्वजांचा मागोवा घेता येतो. प्रकरण २ मध्ये या बद्दलची माहिती सविस्तर परंतु सोप्या शब्दात मांडली आहे.

पृथ्वी वर ३८० ते ४१० कोटी वर्षांपूर्वी जी जीवश्रुष्टीची उत्पत्ती झाली तिथून ते आजतागायत जो वसुंधरेवरील जीवसृष्टीचा इतिहास आहे तो हो

तितकाच महत्वाचा म्हणावा लागेल. या जीवसृष्टीच्या इतिहासात कुठेतरी धरतीवर सस्तन प्राणी उत्क्रांत होतात आणि त्या सस्तन प्राण्यांमध्ये मानवाच्या पूर्वजांचे पूर्वज उत्क्रांत होतात. हा सजीवसृष्टीचा प्रवास तिसऱ्या प्रकरणात 'जीवसृष्टीचे कालमापन' यात आलेला आहे.

७७ लाख प्राणी प्रजाती पैकी एक परंतु ज्या प्रजातीने बुद्धीच्या जोरावर इतकी प्रगती केली कि आज या प्रजातीला 'प्राणी' म्हणावे कि नाही असा प्रश्न पडावा. आणि जगप्रसिद्ध लेखक युवाल नोवा हरारी यांनी याच्या पुढील पिढीला 'होमो डेउस' (देवा सारखा मानव) हे नाव सूचवाव असा हा दोन पायाचा प्राणी चार पायाच्या पूर्वजांमधून कसा घडला, बौद्धिक क्रांतीने इतर प्राण्यांपासून कसा वेगळा झाला याचा प्रवास चौथ्या प्रकरणामध्ये बुद्धिवान मानवाची (होमो सेपियन्स) ची उत्क्रांती प्रकरण चार मध्ये दिलेला आहे.

७० हजार वर्षांपूर्वी आज जगातील सर्व म्हणजेच ८.३ अब्ज लोकांचे पूर्वज फक्त आफ्रिकेत राहायचे आणि तिथून मग जगभर वेगवेगळ्या कालखंडात स्थलांतरीत झाले हे असत्य वाटणारे सत्य प्राचीन डी.एन.ए.ने उलगडले. आफ्रिका खंड एक प्रकारे मानव जातीचा पाळणाघर म्हणता येईल. मग आफ्रीकेबाहेर पश्चिम आशिया तिथून दक्षिण आशिया (भारत) मध्ये ५०-६५ हजार वर्षांपूर्वी तिथून पुढे आग्नेय आशियामार्गे आष्ट्रेलिया आणि ४५-४८ हजार वर्षांपूर्वी युरोपात आणि फक्त १५ ते १७ हजार वर्षांपूर्वी मानव अमेरिकेत स्थलांतरीत झाला. हि मानव जातीच्या विस्ताराची कहाणी पाचव्या प्रकरणामध्ये आफ्रिका बुद्धिमान मानवाचा पाळणाघर या मध्ये दिलेली आहे.भारतात फक्त दोनच ठिकाणी प्राचीन मानवाचे जीवाश्म सापडले आहेत. त्यापैकी एक नर्मदा खोऱ्यात सापडलेला 'होमो नर्मदान्सीस' ची कवटी आणि अलीकडे ज्वालापुरम इथे आढळून आलेली 'होमो सेपियंस' ची कवटी.परंतु भारतात अनेक पुरात्तात्विक स्थळांवर मानव अस्तित्वाचे

भरपूर पुरावे मिळतात.आधुनिक आण्विक जीवशास्त्रातील डी.एन.ए.च्या डी.एन.ए. अभ्यासाच्या आधारावर असे निष्कर्ष आहेत की होमो सेपियंस फक्त ५० हजार वर्षांपूर्वी आफ्रिकेतून भारतात स्थलांतरित झाला. मग ५० हजार वर्षापूर्वीचे जे पुरात्तात्विक पुरावे सापडतात त्याचा अर्थ काय? ५० हजार वर्षांआधी भारतात मानवाची कुठली प्रजाती रहिवाशी होती? या प्रश्नाचे उत्तर सहाव्या प्रकरणात – बुद्धिमान मानवाचा भारतिय उपखंडातील प्रवेश या मध्ये मिळणार आहे. शेती आणि प्राणी पाळण्या च्या आधी होमो सेपियंस शिकारी आणि अन्न संकलक (हंटर अंड ग्यादरर) या पद्धतीचे जीवन जगायचा. शिकारी करिता आणि अन्न गोळा करण्याकरिता भटकंती करणे हेहोमो सेपियंसला अनिवार्य होते. त्यामुळे कृषीचा विकास जो पर्यंत झाला नाही तो मानवाने एका जागी स्थिर असी वस्ती उभारालीच नाही. कृषी व्यवस्थेनंतर बुद्धिमान मानव स्थिर होऊ लागला आणि मग काही प्राचीन सभ्यता, धर्मसंस्था, कर्मकांड आणि राजकीय आणि सामाजिक व्यवस्था निर्माण झाल्या. भारतामध्ये हे नेमके कधी घडले? कोण होते प्रथम भारतीय कृषक? या सर्व प्रश्नांची उतरे नुसत्या पुरात्तात्विक आधारावरच नाही तर पुरावन्स्पतीशास्त्र आणि मोलेक्युलर बायालॉजीच्या मदतीने शोधण्याचा प्रयत्न प्रकरण सात मध्ये केलेला आहे.भारतातील सर्वात प्राचीन सभ्यता सिंधू किंवा हडप्पा सभ्यता जी त्यावेळी जवळपास ६ लाख ८० हजार चौरस किलोमीटर परिघात पसरलेली होती. जी आजच्या पाकिस्तान, अफगाणिस्थान, सिंध, राजस्थान, गुजरात, हरयाणा आणि पंजाब या प्रांतात जवळपास सातशे वर्ष टिकली. कोण होते हे सिंधू संस्कृतीचे रहिवाशी? त्यांचा आणि आजचे भारतीय यांचा संबध काय? हडप्पा संस्कृतीच्या हरयाणामधील राखीगडी या पुरातत्वीय स्थळी मिळालेल्या अवशेषातील डी.एन.ए.चे रहस्य काय आहे?. हि इतकी विशाल संस्कृती कोणी नष्ट केली? काय आर्यांनी नष्ट केली की काही प्राकृतिक कारणांनी नष्ट झाली? कुठे गेले इथले रहिवाशी या सर्वांचा आढावा प्रकरण आठ मध्ये घेतला गेला आहे.

आजच्या भारतीयांमध्ये दोन प्राचीन वंश साखळ्यां सापडतात त्यातील एक आहे दक्षिण भारतीय पूर्वज साखळी आणि एक उतर भारतीय पूर्वज साखळी. आज डी.एन.ए.च्या आधारवर जे अभ्यास सुरु आहेत त्यात या दोन्ही पूर्वज साखळ्या महत्वाच्या आहेत. मग दक्षिण भारतीय पूर्वज साखळी आणि एक उतर भारतीय पूर्वज साखळी मध्ये नेमका काय फरक आहे?. आजच्या भारतीयांचे पूर्वज कोण होते? कुठून स्थलांतरित झाले होते कि मुळचे इथलेच राहिवासी होते. आजच्या भारतीयांचा डी.एन.ए. या बाबत काय माहिती देतो. हे आपल्याला जाणून घेत येणार प्रकरण नऊ मध्ये.

आर्यकोण होते? हे इंडो – युरोपियन भाषिक भारतातून बाहेर गेले कि बाहेरून स्थलांतरित झाले? इंडो युरोपियन भाषिकांनी भारतात आल्यानंतर येथील मूळ रहिवाशी द्रविडभाषिकां वर आक्रमण करून त्यांचे किल्ले फोडले (पुरंदर). त्यांना दास (दस्यू) बनवले.त्यांनीच हडप्पा संस्कृतीचा विनाश केला अश्या प्रकारची मांडणी आर्य आक्रमण सिद्धांतात (Arya Invasion Theory-AIT) करण्यात आली. हा आर्य आक्रमण सिद्धांत खरा आहे कि आर्य भारतातून बाहेर गेल्याचा (ऑउट ऑफ इंडिया-OIT) खरा आहे. प्राचीन डी.एन.ए. आणि आताचे भारतीय यांचा डी.एन.ए. काय सांगून जातो याबाबत वैज्ञानिक तथ्य आहेत? हे समजून घेण्याकरिता प्रकरण दहा आहे.

भारतीयांना छोट्या छोट्या अनुवांशिक गटांमध्ये विभाजित करणारी जाती व्यवस्था आणि ती टिकवून ठेवणारी 'एन्डोगामी' याची सुरवात नेमकी कधी झाली? वर्ण व्यवस्था, जाती व्यवस्था आणि अस्पृश्यता या नेमक्या कधी सुरु झाल्या? या व्यवस्था सुरु व्हायच्या आधी भारतीय आप आपसात प्रजनन करू शकत होते काय? याला डी.एन.ए. मध्ये शोधता आल काय? जातीप्रथेचीव्यवस्था तयार झाल्यामुळे जनुक बाधित रोग त्याच गटामधील लोकांमध्ये संक्रमित होण्याची शक्यता जास्त का असते? या सर्व प्रश्नांचा उहापोह प्रकरण अकरा मध्ये केला आहे.शेवटच्या प्रकरणात आजच्या

भारतीय लोकांच्या संपूर्ण जीनोम वर आधारित झालेल्या अभ्यासाचा आढावा आहे.

या पुस्तकातून डी.एन.ए.च्या संशोधनाच्या आधारावरआपले पूर्वज कोण होते आणि अगदी आफ्रिकेतून भारतात होमो सेपियन्स येण्या आधी पासून ते भारतात आल्यानंतर ते आजतागायतचा डी.एन.ए. प्रवास आपल्या समोर आणण्याचा हा एक वैज्ञानिक प्रयत्न आहे....

धन्यवाद !

प्रकरण १

उत्क्रांती खरंच घडली काय?

"उत्क्रांतीच्या प्रकाशाशिवाय जीवशास्त्रात काहीही अर्थपूर्ण नाही" – थियोडोसियस डोबझान्क्सीयानी

खरंच उत्क्रांती खरंच घडली काय? तर या प्रश्नाचे उत्तर होय अगदी १०० टक्के असे देता येते. हा प्रश्न उपस्थित करणारे उत्क्रांतीमुळे जीवसृष्टीघडली यांवर विश्वास ठेवण्यास तयार होत नाहीत. कारण उत्क्रांती म्हणजे एका सजीव प्रजातीतून दुसरी सजीव प्रजाती विकसित होण्याची प्रक्रिया. उत्क्रांती मानणे म्हणजे एका दृष्टीने ईश्वराने हे विश्व निमार्ण केले आहे असे मानण्यास नकार देणे आणि उत्क्रांती नाकारणे म्हणजे ईश्वराने एकाच वेळी पृथ्वीवरील संपूर्ण जीवन तयार केले असेच मानणे होय. आणि सर्वच धर्मातील ईश्वर मानणारे ईश्वरानेच सृष्टी निर्माण केली आहे असं मानतात. उत्क्रांती ईश्वरानेच घडवून आणली असं सांगताना ईश्वर टप्प्या टप्प्यांनी सजीवांची उत्क्रांती का करीत बसला असेल याचे उत्तर द्यावे लागेल. मग मानवाला सृष्टी निर्मिती च्या वेळी निर्मित न करता त्यानंतर काही कोटी वर्षांनी का निमार्ण केले असेल किंबहुना मानवाला दुसऱ्या प्रजाती मधून साधारणतः तीन लाख वर्षापूर्वी का घडवलं असेल? किंवा सरळ मानव (होमो सेपियन्स) म्हणून विकसित का केलं नसावं? याच उत्तर शोधाव लागेल.

अगदी १८५९ मध्ये चार्ल्स डार्विन यांनी त्याचं पुस्तक "ऑन द ओरिजिन ऑफ स्पेसिज" हे पुस्तक प्रकाशित केलं त्यावेळी धर्मवाद्यानी थयथयाट केला. आज अगदी उत्क्रांती सिद्ध करणारे भरपूर पुरावे सापडले असतानाहि जीव सृष्टी

ईश्वर निर्मितच आहे याचाच अट्टाहास करणे सुरु आहे. काही वैज्ञानिक सुद्धा उत्क्रांतीतून सजीव सृष्टी निर्माण झाली असे मान्य करतात पण सोबतच परमेश्वर सर्व सृष्टीचा निर्मिक आहे असाविरोधाभासी विचार करतात.

उत्क्रांतिने सर्वच सजीव घडत गेले याचे पुरावे आपल्याला मानवासकट सर्व सजीवात अगदी जीवाणू आणि विषाणू (बॅक्टेरिया आणि व्हायरस) या सर्वांमध्ये सापडतात. उत्क्रांती म्हणजेच एका सजीव प्रजातीतून दुसरी प्रजाती विकसित होण्याची प्रक्रिया. या प्रक्रीये बद्दल ल्यामार्क व त्यानंतर चार्ल्स डार्विन यांनी आपआपली संकल्पना मांडली. त्यात डार्विनने मांडलेली उत्क्रांतीची संकल्पना वैज्ञानिक विश्वात सर्वमान्य झाली. डार्विनच्या उत्क्रांतीवादा तील तांत्रिक मुद्दे सोडून या संकल्पनेचा सार लक्षात घेऊ. आज पृथ्वीवर अस्तिवात असणारे सर्व प्राणी, वनस्पती, कवक, जीवाणू आणि विषाणू हे सर्व कधीतरी त्यांच्या आधीच्या प्रजाती मधून विकसित झालेत. या सर्वांच्या पूर्वजांची निर्मिती एकाच वेळी न होता क्रमवार पध्दतीने एका प्रजातीतून दुसरी प्रजाती या प्रमाणे संपूर्ण सजीव श्रुष्टी विकसित झाली. ती एकाच वेळी सर्व प्राणी किंवा सर्व वनस्पती या पद्धतीने निमार्ण झाली नाही. सुरवातीच्या काही जैवरसायनांच्या (आर.एन.ए.) स्वतःच्या प्रती तयार करण्याच्या प्रक्रियेपासून आरंभ झालेली हि वाटचाल हळूहळू म्हणजे काही कोटी वर्षांनी अगदी प्राथमिक अवस्थेतील पेशीपूर्व अवस्थेत पोहचली. त्यानंतर त्यामधून काही सुरवातीचे प्राचीनबॅक्टेरिया (archaebacteria) उत्क्रांत झाले. सजीव श्रुष्टीच्या पुढील पडावात बॅक्टेरिया आणि नंतर सायनोबॅक्टेरिया आधीच्या प्रजाती मधून विकसित झाले.प्राचीनबॅक्टेरिया, नंतरचे बॅक्टेरिया आणि सायनोबॅक्टेरिया हे सर्व क्रेन्द्रक नसणाऱ्या पेशी आहेत यांना प्रो-क्यारीयाटिक पेशी म्हणता येईल. सुरवातीच्या सजीव सृष्टीचा एकप्रकारे पायवाच या प्रो-क्यारीयाटिक पेशींनि रचला. सायनोबॅक्टेरियानि स्वतःचे अन्न स्वतः तयार करण्याची एक नविन प्रथा सुरु केली. या प्रथेला फोटोसिंथेसीस म्हणता येईल. या प्रक्रियेत सूर्याच्या उर्जेचा उपयोग करून पाणी आणि कार्बन वायू

यांच्या पासून कार्बोहायड्रेट्स तयार करणे शक्य होऊ लागले. आणि विशेष म्हणजे या प्रक्रियेत ऑक्सिजन वायू बाहेर पडू लागला. पृथ्वीच्या वातारणात ऑक्सिजन वायू सोडल्या मुळे आतापृथ्वीवर वातावरणीय बदल होऊ लागले.या बदलेल्या वातावरणात बॅक्टेरिया पासून नविन पेशी उत्क्रांत झाली. या नव्या पेशीत आता फोटोसिंथेसीस सोबतच एनर्जी तयार करणारी नवी व्यवस्था विकसित झाली. एक प्रकारे आजच्या सर्व न्यूक्लियस (क्रेन्द्रक) असणाऱ्या पेशींची मातृपेशी बनली.हि मातृपेशी आजच्या सर्व युक्यारीयाटिक म्हणजे क्रेन्द्रक असणाऱ्या वनस्पती, प्राणी, बुरशी इत्यादी सर्व सजीवांची निर्मिक होती. काही कोटी वर्षांनी याच पेशी मधून एक पेशीय वनस्पती आणि प्राणी उत्क्रांत झाले.एकपेशीय वनस्पती आणि एकपेशीय प्राणी उत्क्रांत होऊन बहुपेशीय प्राणी आणि बहुपेशीय वनस्पती मध्ये विकसित झाल्या. हि उत्क्रांतीची प्रक्रिया ३५०-४२८ कोटी वर्षांआधी सुरु झाली. आतापर्यंत मानवाला प्राण्यांच्या फक्त १.२ ते २० लाख इतक्याच प्रजाती माहित आहेत आणि अब्जावधी प्रजाती या उत्क्रांतीच्या महाप्रवासात नामशेष झालेल्या आहेत. त्यापैकीच आपल्याला माहित असलेला एक प्राणीप्रजाती म्हणजे डायनासोर होय.परंतु हि उत्क्रांतीची हि प्रक्रिया अखंड पणे सुरूच आहे.

उत्क्रांतीचे पुरावे-

जिवनाचा कुठेतरी आरंभ होऊन नंतर सजींव सृष्टी विकसित झाली याला बरेच पुरावे उपलब्ध आहेत. हे पुरावे इतके सबळ आणि पारदर्शी आहेत कि त्यांना खारीज करणे कठीण आहे. आज अस्तित्वात असलेल्या सर्व सजीवांची जनुकीय संकेत भाषा (जेनेटिक कोड) अगदी सारखी आहे. जनुकीय संकेत भाषा म्हणजे सजीव त्याच्या पेशीत असणाऱ्या डी.एन.ए.चा उपयोग करून जेव्हा प्रथिन निर्मिती करतो तेव्हा जे सांकेतिक भाषा वापरतो ती भाषा अगदी जीवाणू पासून मानवा पर्यंत सारखीच आहे.३५० ते ४२८ कोटी वर्षांपूर्वी पृथ्वीवर जिवनाचा आरंभ झाला.जीवनिर्मितीच्या सुरवातीला अगदी प्राथमिक स्वरूपातील पेशीसदृश्य जीवन आणि त्यांतून

जीवाणू (बक्टेरिया) सारखे साधे जीव उत्क्रांत झाले. त्यानंतर आजच्या सर्व सजीवांचा ‘जन्मदाता’ म्हणजे ‘द लास्ट युनिव्हर्सल कॉमन एनसेस्टर’ (लुका) म्हणजे सर्व सजीवांचा ‘शेवटचा वैश्विक सामाईक पूर्वज’ विकसित झाला. या लुका कडून हे जनुकीय संकेत त्यानंतर च्या सर्व सजीवांच्या पेशीत जसेच्या तसे प्राप्त झाले. हे पिढी दर पिढी सर्व सजीवात जसेच्या तसे हस्तांतरित होतगेले.बॅक्टेरियापासून मानवा पर्यंत हे जनुक संकेत अगदी सारखेच आहेत. म्हणून जेनेटिक इंजिनियरिंग या तंत्रज्ञानाच्या उपयोगाने बॅक्टेरियाचे जनुक कापसाच्या पेशीत प्रथिन निर्मिती करू शकतात (बी.टी.कापूस) किंवा मानसाचे इन्सुलिन जीन बॅक्टेरियाच्या पेशीतसुद्धा इन्सुलिन हे प्रथिन तयार करू शकतात.

‘फायलोजेनेटिक्स’ या शाखेत सजीवांच्या नविन प्रजाती ओळखण्यासाठी किंवा दोन प्रजाती मधील नातेसंबध जोडण्यासाठी आर.एन.ए.किंवा डी.एन.ए. चा उपयोग केला जातो. आर.एन.ए.किंवा डी.एन.ए.च्या बेसेसं मधील क्रमवारी शोधून त्यात सारखेपण किती? आणि वेगळेपण किती? यावरून ती प्रजाती नवीन कि कोणत्या प्रजाती मधून उत्क्रांत झाली याचा निष्कर्ष काढला जातो. एक प्रजाती दुसऱ्या प्रजाती मधून उत्क्रांत झाली या तत्वावरच हि शाखा काम करते.

प्रथिने हि अमिनो आम्लाच्या शृंखलेनि तयार झालेली असतात. या शृंखलेतील अमिनो आम्ले हि विशिष्ट अश्या क्रमवारीत असतात.या क्रमवारीतील अमिनो आम्ल बदलला कि प्रथिन बदलतो. दोन जवळच्या प्रजाती मधील प्रथिना मधील अमिनो आम्ल क्रमवारी मध्ये जास्त साम्य असते तर दोन दूरच्या प्रजातीमधील हिअमिनो आम्ल क्रमवारी भिन्न असते. उदाहरनार्थ मानव आणि चिम्पान्झी यातील इन्सुलिन (एक प्रकार चा प्रथिन) मधील साम्य हे कोंबडीच्या इन्सुलिन पेक्षा जास्त असते. २००३ मध्ये पूर्णत्वास आलेल्या ‘ह्युमन जीनोम प्रोजेक्ट’ नुसार मानवाचा डी.एन.ए. आणि चिम्पान्झीचा डी.एन.ए. यात ९८ टक्के साम्य आहे.

एखाद्या प्राण्याची किवा वनस्पतीची नवीन प्रजाती उत्क्रांत होण्याकरिता हजारो लाखो वर्षांचा कालखंड जावा लागतो. हा कालखंड माणसाच्या ८० ते ९० वर्ष आयुष्यमानाच्या दृष्टीने खूप मोठा आहे. माणुस फक्त ७० हजार वर्षांपूर्वी कुठे बुद्धिवान झाला आणि फक्त १२ हजार वर्षापूर्वी शेतीकरू लागला. अंदाजे ५ हजारवर्षांपूर्वी विवेकानी विचार करायला लागला. वैज्ञानिक पद्धतीने फक्त ४०० वर्षांपासून अभ्यास करू लागला. डार्विनने उत्क्रांतीची संकल्पना सागून फक्त१७५ वर्षे झालीत. एखादा मोठा सजीव प्राणी किंवा वनस्पती यांची नवी प्रजाती उत्क्रांत होताना फारसे माणसाच्या लक्षात येत नाहीत.तरी सुद्धा प्रत्यक्षात नवीन प्रजाती उत्क्रांत होण्याचे काही उदाहरण बघता येईल. चार्ल्स डार्विननि उक्रांती ची संकल्पना देण्या आधी १८३१ ते १८३६ या दरम्यान HMS बीगल या जहाजावरून जगप्रवाश केला होता. त्यावेळी त्यांनी पसिफिक महासागरातील गालोपागोस या बेटाला भेट दिली. त्या भेटीत त्यांनी फिंच पक्ष्यांच्या १३ प्रजातीचे निरीक्षण केले. त्यातील काही पक्ष्यांमध्ये भुसा भरून जहाजावरून आपला देश इंग्लंड इथे आणले. त्यानंतर एका जॉन ग्लौड नावाच्या पक्षी तज्ञाकडून तपासून घेतकाही निरक्षण नोंदविले. यात या प्रजाती उपलब्ध खाद्य आणि वातावरण नुसार कश्या वेगेवेगळ्या प्रजाती मध्ये विकसितझाल्या त्याच्या मध्ये कश्या प्रकारे शारीरिक फरक निर्माण होऊन एका स्थानिक प्रजाती मधून १३ प्रजाती तयार झाल्या या बद्दल नोंद घेतली. सोबतच त्याच बेटावरील मोठ्या आकाराचे कासव आणि समुद्राच्या पाण्यात जीवन जगणाऱ्या इग्वाना या सरडा प्रजातीची नोंद घेतली. एकप्रकारे गालोपागोस बेट जे समुद्राच्या पाण्यामुळे मुख्य भूमीशी वेगळे झाल्यामुळे तिथे मुख्यभूमीवरून आलेल्या प्राण्यांच्या वेगळ्या प्रजाती बनल्या. डार्विन नंतर या गालोपागोस मधील फिंच पक्ष्यावर १९३८-३९ या दरम्यान ऑक्सफोर्ड विद्यापीठाचे डॉ. डेविड यांनी संशोधन केले.त्यांनंतर १९७३ ते २०१२ पीटर ग्रांट यांनी संशोधन करून या फिंच पक्ष्याच्या

प्रजाती कशा प्रकारे विकसित झाल्या यावर प्रकाश टाकत अगदी जनुक स्तरावर काय बदल झाले इथपर्यंत माहिती जोडली.

कमी कालावधीत नव्या प्रजाती विकसित होण्याची उदाहरणे बऱ्याच प्राणीशास्त्रज्ञ किंवा कीटक शास्त्राज्ञानि नोंद केलेले आहेत. यात वॉशिंग्टन राज्यातून वाहणारी सिदार नदितील सल्मोन मास्या मध्ये झालेले शारीरक बदल, औधोगिक क्रांती च्या सुरवातीला निघणाऱ्या कोळस्यांच्या काळ्या धुरा मुळे पंखाच्या रंगात बदल करून सभोवती च्या वातावरणात एकरूप झालेले बिस्टोन बेटूरालिया नावाचे पतंगा (मोथ). किंवा काही पिढ्या नंतर डी.डी.टी. कीटकनाशकामुळे न मरणारे डास. प्रतिजैविक औषधीना प्रतिसाद न देणारे जीवाणूच्या नवीन पिढ्या किंवा कोरोना महामारीला कारणीभूत ठरलेल्या कारोना विषाणूचे नंवनवीन व्हेरिएनट्स. हे सर्व त्या त्या सजीवात झालेल्या उत्परिवर्तन (म्युटेसन) मुळे जनुकीय आणि नवीन शारीरिक गुणधर्म किंवा नविन प्रजाती उत्क्रांत झाल्याचीच उदाहरणे आहेत.

उत्क्रांती चे सर्वात पारदर्शी आणि ठोस पुरावे 'फोसिल' किंवा 'जीवाश्म' स्वरुपात मिळतात. हे अवशेष जमिंनीखाली किंवा स्तरित खडकामध्ये सापडतात. या जीवाश्मांचा कालखंड रेडीओकार्बन डेटीन्ग पद्धतीने काढण्यात येतो. आता तर या जीवाश्ममधून डी.एन.ए. वेगळा करून अनुवांशिक दुवाहि शोधता येतो.

उत्क्रांतीचे असंख्ये पुरावे देता येऊ शकतात आणि याच उत्क्रांती च्या मुळे मानवाची प्रजाती सुद्धा आधीच्या प्रजातींतून विकसित झालेली आहे.

मानवी उत्क्रांतीची कालगणना

- **७०-६० लक्ष वर्षांपूर्वी:** मानवी पूर्वज (Hominin) चिंपांझीपासून वेगळे झाले. आफ्रिकेत साहेलेंथ्रोपस चाडेंसिस सारखे पहिले होमिनीन दिसू लागले.

- **५८ लक्ष वर्षांपूर्वी:** ओरॉरिन टुगेनेन्सिस (*Orrorintugenensis*) ने दोन पायांवर चालण्याचा (Bipedalism) प्रारंभ केला.
- **४४ लक्ष वर्षांपूर्वी:** आर्डिपिथेकस रामिडस (*Ardipithecus ramidus*) चा उदय, जो दोन पायांवर चालणारा पण झाडावर पकड घेणारा पूर्वज होता.
- **४०–३० लक्ष वर्षांपूर्वी:** ऑस्ट्रेलोपिथेकस (उदा. "लुसी") प्रजाती विकसित झाली. ते पूर्णपणे दोन पायांवर चालत असत, परंतु मेंदू लहान होता.
- **२४–१४ लक्ष वर्षांपूर्वी:** होमो हॅबिलिसचा (*Homo habilis*) उदय, जो साधी दगडी हत्यारे बनवणारा पहिला प्रारंभिक 'होमो' मानला जातो.
- **१९००००–१,१०,००० वर्षांपूर्वी:** होमो इरेक्टसचा (*Homo erectus*) विकास, आगीवर नियंत्रण, प्रगत हत्यारे (Acheulean) आणि आफ्रिकेतून युरेशियात स्थलांतर झाले.
- **७,००,०००–३,००,००० वर्षांआधी:** होमो हायडेलबर्गेंसिस (*Homo heidelbergensis*), जो निअँडरथल आणि आधुनिक मानवांचा सामाईक पूर्वज होता.
- **४,००,०००–४०,००० वर्षांआधी:** निअँडरथल (*Homo neanderthalensis*) युरोप आणि पश्चिम आशियात जगले त्यांनी थंड हवामानाशी जुळवून घेतले.
- **३,००,००० वर्षांआधी-सध्या:** आधुनिक होमो सॅपियन्स (*Homo sapiens*) आफ्रिकेत दिसू लागले, प्रगत संस्कृती, कला आणि भाषेचा विकास झाला.

- **७०,०००–५०,००० वर्षांआधी:** बुद्धिवान मानवांचे आफ्रिकेतून मोठे स्थलांतर आणि जगभरात प्रसार झाला.
- **१२,००० वर्षांआधी:** नवपाषाण युग (Neolithic Revolution) सुरू, शेतीची सुरुवात झाली.

होमो इरेक्टस महिला (पुर्ननिर्मित) होमो हायडेलबर्गेंसिस (पुर्ननिर्मित)

निअँडरथल मानव (पुर्ननिर्मित)
(Curtsy-Smithsonian's National Museum of Natural History)

प्रकरण २

वंशावळ शोधण्याकरिता प्राचीन डी.एन.ए.चा उपयोग

"प्राचीन डी.एन.ए.च्या अभ्यासामुळे पुरातत्वशास्त्रआणि उत्क्रांती जीवशास्त्रातक्रांती घडवून आणली आहे ज्यामुळे हजारो वर्षांपूर्वीच्या अवशेषांमधून अनुवांशिक माहिती मिळवणे शक्य झाले आहे" – द न्यूयॉर्क टाईम्स

प्राचीन डी.एन.एचा उपयोग करून मानवाची उत्पती शोधणे हि २१ व्या शतकातील मोठी उपलब्धी म्हणावी लागेल. या आधी मानववंशशास्त्रीय अभ्यास प्रामुख्याने जीवाश्म, मानवाने वापरलेले दगडी हत्यार, उत्खननातून प्राप्त झालेलं साहित्य इत्यादीवर आधारित होत असे. आता त्याही पेक्षा अतिशय अचूक असं साधन शास्त्रज्ञांच्या हाती लागलेलं आहे. हे साधने अनुवंशशास्त्र (जेनेटिक्स) आणि अत्याधुनिक रेण्वीय जीवशास्त्र (मौलेक्युलर बायोलाजी) या शाखेतून घेतलेली आहेत.

१८५६ ते १८६३ या दरम्यान ग्रेगर मेंडल या ऑस्ट्रियन पाद्रीनि वाटण्याच्या झाडावर जे प्रयोग केले त्यातून अनुवांशिक गुणधर्म एका पिढीतून दुसऱ्या पिढीत कसे संक्रमित होतात याचे रहस्य जगाला कळले. त्यानंतर हेअनुवांशिक गुणधर्म ज्या जैव रसायनांमुळे संक्रमित होतात त्या 'डी.एन.ए' म्हणजे 'डीऑक्सिरायबो न्यूक्लिक एसिड' १९५३ मध्ये फ्रान्सिस क्रिक, जेम्स

वॉटसन, रोझलिंड फ्रँकलिन आणि मॉरिस विल्किन्स यांनी डी.एन.ए.(DNA) ची रचना शोधली. अडेनाईन (A) ग्वानाईन (G) सायटोसिन (C) आणि थायमिन (T) या चार नायट्रोजन बेसेसं सोबत शर्करा आणि फोस्फेट यांनी समाविष्टन्यूक्लिओटाइड चे दोन धागे सर्पिलाकार शीडीसारखे जोडले जाऊन डी.एन.ए चे लांब लांब धागे बनवतात. हे धागे पेशीतील केंद्रकात क्रोमोसोम (गुणसूत्रे) मध्ये प्रथिनासोबत गुंडाळून असतात.

मानवाच्या एका पेशीत गुणसूत्रांच्या एकूण २३ जोड्या असतात (एकूण गुणसूत्रे=४६). प्रत्येक गुणसूत्रात एकूण न्यूक्लिओटाइडची संख्या वेगवेगळी असते सर्वातजास्त गुणसूत्र क्र.१ मध्ये २५ कोटी न्यूक्लिओटाइड आणि सर्वात कमी गुणसूत्र क्र.२१ मध्ये ४ ते ४.७ कोटी असी असते. सर्व म्हणजे २३ गुणसूत्रांमध्ये एकूण ३ अब्ज नायट्रोजन बेसेसं जोड्या समाविष्ट असतात (एकूण ६ अब्ज).या २३ गुणसूत्रांच्या जोड्या मिळून मानवाचा संपूर्ण जीनोम बनतो.म्हणजेच मानवी जीनोम हा एकूण ३ अब्जनायट्रोजन बेसेसं जोड्या मिळून बनतो. या २३ जोड्यामधील २२ जोड्या ह्या शरीर रचना आणि त्यासंबधित चयापचय ठरवीणारे जीन्स (जनुक) धारण करतात. तर उरलेली एक जोडी लिंग निर्धारित करते. हि जोडी जर गुणसूत्र Yx असी असेल तर पुरुष आणि XX असेल तर स्त्रीलिंगी बनतो. म्हणजे Y गुणसूत्र फक्त पुरुषा मधेच आढळतो. हा Y गुणसूत्र पुरुषांची प्राचीन वंशावळ शोधण्याकरिता वापरला जातो.

पेशीच्या केंद्रकात असणाऱ्या डी.एन.ए व्यतिरिक्त केंद्रका बाहेर डी.एन.ए. असतो. हा डी.एन.ए. पेशीत असणाऱ्या एका दुसऱ्या अंगाकात (ओर्गानेल) असतो.त्याला 'मायटोकॉन्ड्रिया' या नावानी ओळखले जाते. मायटोकॉन्ड्रिया पेशीचा उर्जाउत्पादन केंद्र असतो. शरीराला लागणारी उर्जा तयार करण्याचे मुख्य कार्य हा उपांग करीत असतो. 'मायटोकॉन्ड्रिया' चा स्वतःचा वेगळा असा डी.एन.ए असतो. विशेष म्हणजे हा माइटोकॉन्ड्रियल

डी.एन.ए. फक्त आईकडूनच बाळाला मिळतो मग ते बाळ पुरुष असो कि स्त्री. या माइटोकॉन्ड्रियल डी.एन. ए. चा वापर करून एखाद्या समूहाची प्राचीन वंशावळ शोधता येते.

उत्परिवर्तन (म्युटेशन)

वर उलेख केल्या प्रमाणे डी. एन.ए. हा गुणसुत्रांमध्ये धाग्याच्या स्वरुपात गुंडाळून असतो. या डी.एन.ए च्या धाग्याचे छोटे तुकडे जे प्रथिन निर्मितीस कारण ठरतात त्या छोट्या तुकड्यांना 'जीन', किंवा 'जनुक' म्हटलं जाते. डी.एन.ए.चा हा संपूर्ण धागा चार नायट्रोजन बेसेसं (A, G, C, T) च्या विशिष्ट अश्या क्रमवारी नि गुंफला जातो. प्रत्येक जनुकांमध्ये हि क्रमवारी ठरलेली असते. या क्रमवारीत किंचितहि अगदी एक नायट्रोजन बेस जरी वेगळा आला तरी फार मोठा फरक पडून अगदी वेगळा प्रथिन बनू शकतो किंवा प्रथिन बनूच शकत नाही. व त्या मुळे हि जनुकांच्या डी.एन.ए.तील नायट्रोजन बेसची क्रमवारी अत्यंत महत्वाची असते. या नायट्रोजन बेसच्या क्रमवारीत बदल संभवतो तो म्हणजे मूळच्या क्रमवारीतील एखादा नायट्रोजन बेस कमी झाल्यानी (डिलीट) किंवा मुळच्या नायट्रोजन बेस ऐवजी नवा नायट्रोजन बेस जुळल्याने (सबस्टीट्युशन) किंवा इतर प्रकारे. अश्याप्रकारे फक्त एका नायट्रोजन बेसमध्ये बदल झाल्यानी उत्परिवर्तन होत असेल तर त्याला बिंदू उत्परिवर्तन म्हणतात. हे उत्परिवर्तन फक्त जनुक स्तरावरच नव्हे तर गुणासुत्रांस्तरावरही होत असते. याठिकाणी हे महत्त्वाचे आहे कि जनुकातील डी.एन.ए.च्या एक जरी नायट्रोजन बेस मध्ये बदल झाला तर संपूर्ण क्रमवारी बदलते. हा डी.एन.ए.च्या नायट्रोजन बेस मध्ये झालेला बद्दल कधी त्याप्रजातीच्या फायद्याचा असू शकतो तर कधी घातक. जर बदल चांगला असेल तर त्यातून नवी प्रजाती उत्क्रांत होते. या डी.एन.ए.च्या नायट्रोजन बेस बद्लास **उत्परिवर्तन (म्युटेशन)** म्हटल जाते. **हे उत्परिवर्तन निसर्गात** आपोआप घडते.

गुणसूत्रांतील फक्त २% डी.एन.ए हा प्रत्येक्षात प्रथिन निर्मिती मधील जनुकांमध्ये समाविष्ट असतो उरलेला ९८%डी.एन.ए चे ज्याचे प्रथिन निर्मितीत प्रत्येक्षात योगदान नसते. अशा डी.एन.ए. ला 'जंक डी.एन.ए.' म्हणतात. जंक डी.एन.ए म्हणजे अळगडीत पडलेला.परंतु सध्या सुरु असलेल्या संशोधनातून असे दिसून येते कि या प्रथिन निर्मितीच्या प्रक्रियेचे नियंत्रण करण्यात या जंक डी.एन.ए चा मोठा सहभाग असतो. जसे जनुकांमध्ये असणाऱ्या डी.एन.ए.च्या नायट्रोजन बेस मध्ये उत्परिवर्तन होत असते तसेच परिवर्तन या जंक डी.एन.ए.च्या नायट्रोजन बेस मधेही होत असते. त्यामुळे हा जंक डी.एन.एदोन व्यक्ती मधील अनुवांशिक समानता किंवाअनुवांशिक असमानता शोधण्याकरिता डी.एन.ए. फिंगर प्रिंट तंत्रज्ञानात वापरल्या जातो.

क्रमवारी अभ्यासणे आणि विश्लेषण करणे

डी.एन.ए मधीलनायट्रोजन बेसची क्रमवारी अभ्यासून कश्या प्रकारे उत्परिवर्तन झाले याच्या आधारावर वंशावळ ठरवता येते. जितके जास्त डी.एन.ए उत्परिवर्तन तितकी तो समूह एकमेकापासून वेगळा असं मानता येते. हि क्रमवारी मायटोकॉन्ड्रियल डी.एन.ए. Y-क्रोमोझोम किंवा संपूर्ण जिनोम मधील उपलब्ध डी.एन.ए, ची करण्यात येते. मायटोकॉन्ड्रियल डी.एन.ए. हा माते कडून संतती मध्ये जसाचा तसा येत असतो. तसच Y-क्रोमोझोम डी.एन.ए हा पित्या कडून पुत्रा कडे जसाच्या तसा संक्रमित होतो. मात्र लौंगिक रंगसुत्रे (Y आणि x) वगळून इतर रंगसुत्रे ज्यांना 'ऑटोसोम' म्हणतात ते जसेच्या तसे संक्रमित न होता बीजांड आणि शुक्राणू बनताना पुंर्सयोगीत (रेकॉम्बीन) होतात.

प्राचीन मानवी जीवाश्मातून Y-क्रोमोझोम डी.एन.ए. किंवा मायटोक्यानड्रीएल डी.एन.ए. वेगळा करून त्याची नायट्रोजन बेस क्रमवारी ठरवली जाते.त्या क्रमवारीत किती उत्परिवर्तन झाले आहे हे निश्चित करण्यात येतात. या

उत्परिवर्तन अभ्यासातून वैश्विक स्थरावर मायटोक्यानड्रीएल डी.एन.ए. आणि Y-क्रोमोझोम डी. एन.ए.चे काही गटात वर्गीकरण केल्या जाते. या गटांना 'हप्लोग्रूप' असं म्हटलं जाते.

मायटोक्यानड्रीएल डी.एन.ए चे गट (हप्लोग्रूप) –

१. L0, L1, L2 - आफ्रीकन जनसमुदाय मधील गट (**हप्लोग्रूप) आहेत.**

२. L3 - हा गट आफ्रीकेबाहेरील सर्व लोकांमध्ये आढळतो तसेच आफ्रीकेबाहेरील सर्व लोकांच्या पूर्वजांचा गट मानण्यात येतो. L3 हा हप्लोग्रूप पुन्हा दोन **माक्रोहप्लोग्रूपमध्ये** विभागल्या गेला

१.१ N - हा माक्रो हप्लोग्रूप ऑस्ट्रेलिया, अमेरिका आणि आशियाई लोकांमध्ये सापडतो.

१.२ M - माक्रो हप्लोग्रूप आशियाई आणि अमेरिकन लोकांमध्ये सापडतो.

१.३ R - हा N या माक्रो हप्लोग्रूपचा सब- हप्लोग्रूप आहे.हा युरोपियन आणि दक्षिण आशियाई लोकांमध्ये सापडतो.

१.४ माक्रो हप्लोग्रूप H - हा माक्रो हप्लोग्रूप मुख्यता: युरोपियन देशांमध्ये आढळतो.

या सर्व माक्रो हप्लोग्रूपचे पुन्हा सब- हप्लोग्रूप आहेत. त्यांची संपूर्ण माहिती या ठिकाणी देण्याची गरज वाटत नाही (नकाशा क्र.१)

भारतातील हप्लोग्रूप -

उत्तर भारतीय लोकसंख्येच्या मायटोकॉन्ड्रियल डीएनए (mtDNA) विश्लेषणात दक्षिण आशियाई M हप्लोग्रुप अधिक प्रमाणात आढळतो.यात प्रामुख्याने M (38-44**%)** त्यानंतर **U** (18-25%) R (9-13%) आणि H (9-13%). (विकास चंद्र मिश्रा २०२५). हॅप्लोग्रुप एम दक्षिण आशियात,

विशेषतः भारतात, आफ्रिकेतून (सुमारे ५००००-६००००वर्षांपूर्वी) मानवी विस्ताराच्या सुरुवातीच्या काळात उद्भवला असावा, जो उपखंडातील प्रमुख, खोलवर रुजलेल्या मातृवंशांपैकी एक आहे.त्याच प्रकारे दक्षिण भारतीय लोकसंख्येमध्ये माइटोकॉन्ड्रियल डीएनए (mtDNA) हॅप्लोग्रुप विश्लेषणातून मॅक्रोहॅप्लोग्रुप M (अंदाजे 38%–62%) चे प्रमाण जास्त असल्याचे दिसून येते, त्यानंतर हॅप्लोग्रुप U (अंदाजे 18%–25%) आणि R (अंदाजे 9%–13%) येते.

यावरून असे म्हणता येईल कि भारतीय लोकां मध्ये मायटोकॉन्ड्रियल डी.एन.ए. चा M **हप्लोग्रुप** अधिक प्रमाणात आढळतो. हा M हप्लोग्रुप आफ्रिकेतून बुद्धिमान मानवाचे ५० हजार वर्षांपूर्वी भारतात स्थलांतर झाले त्यावेळीच तयार झालेला आहे.त्यात जास्त बदल झाले नाहीत कारण कदाचित नंतर झालेले स्थलांतर (७ हजार -१० हजार वर्षांपूर्वीचे इराणियन वंशांचे आणि नंतर आर्यांचे स्थलांतर) हे पुरुषप्रधान होते असं म्हणता येईल.नंतर झालेले स्थलांतरांमध्ये पुरुष जास्त प्रमाणात होते. भारतातील मातृवंश हा अगदी सुरवातीच्या बुद्धिमान मानव भारतात आलेल्या कुळातील आहे असं म्हणायला हरकत नाही.

Y-गुणसूत्रहप्लोग्रुप

Y-गुणसूत्र हा फक्त पित्या कडून पुत्राकडे कुठलाही बदल न होता संक्रमित होणारा आणि लैंगिककता प्रदान करणारा गुणसूत्र आहे. Y-गुणसूत्रातील डी.एन.ए. मध्ये झालेल्या उत्परिवर्तनाच्या आधारावर काही... काही हप्लोग्रुप तयार झालेले आहेत. आफ्रिकेतील C, D आणि F या तीन हप्लोगृपची उपस्थिती आफ्रीकेबाहेरील जनसमूहांच्या पिढ्यांमध्ये सातत्याने दिसून येते. हे तीनच हप्लोग्रुप आफ्रीकेबाहेर वंशवृद्धी करत राहिले.हे तीनही हप्लोग्रुप CT या मूळ हप्लोग्रुपपासून निर्माण झाले. आणि CT हा हप्लोग्रुप मूळच्या आफ्रिकन वंशाचा हप्लोग्रूप आहे.

प्रामुख्याने भारतातील Y-हप्लोग्रुप R1a, H, L आणि J2 असे आहेत, जे एकत्रितपणे 80% पेक्षा जास्त पितृवंश बनवतात. प्रमुख वंशांमध्ये इंडो-युरोपियन संबंधित R1a (उत्तर/पश्चिमेस उच्च) आणि H (व्यापक) यांचा समावेश आहे, ज्यामध्ये विशिष्ट प्रदेशांमध्ये L, J2 आणि O ची लक्षणीय उपस्थिती आहे.

R1a (M17/M417):- सर्वातसामान्य, विशेषतःउत्तरभारतात, उच्च वर्णीय आणि हिंदी भाषिक लोकसंख्ये मध्ये जास्त आहे.

H (H1a1a):- दक्षिण आणि पूर्वेकडील राज्यातील आदिवासी लोकसंख्ये मध्ये या ग्रुप चे प्रमाण जास्त आढळते.

L (L1a):- हा हप्लोग्रुप सुरवातीच्या आफ्रिकेतून आलेल्या बुद्धिमान मानवाच्या वंशाचा मानला जातो, जो द्रविड भाषिक लोकसंख्येमध्ये वारंवार आढळतो.

J2 (M304):- भारतात वारंवार आढळते, विशेषतः पश्चिम आणि उत्तरेकडील प्रदेशांमध्ये, नवपाषाणकालीन शेतीशी संबंधित आणि शिया लोकांमध्ये जास्त आढळते.

O (M175):- प्रामुख्याने ईशान्य भारतात आणि ऑस्ट्रो-एशियाटिक आदिवासी गटांमध्ये आढळतात.

R2 (M124):- विशेषतः दक्षिण भारतीय लोकसंख्येमध्ये लक्षणीय प्रमाणात आढळते.

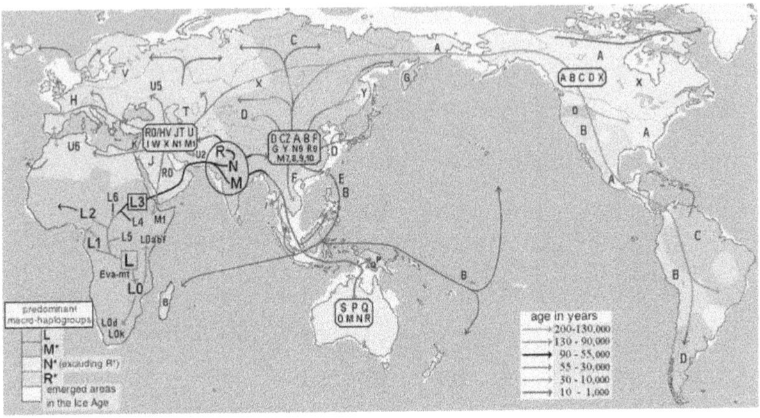

जगातील मायटोक्यानड्रीएल डी.एन.ए चे गट (हप्लोग्रूप) विस्तार

(सौजन्य-: Maulucioni - Migraciones humana sen haplogrupos mitocondriales.PNG, CC BY-SA 3.0, https://commons.wikimedia.org/w/index.php? curid=32585433)

प्रकरण ३

सजीव सृष्टीचे कालमापन

"पृथ्वीचा इतिहास हा ४.५ अब्ज वर्षांचा वैश्विक शांततेचा एक गहन इतिहास आहे, ज्यामध्ये महाखंडाच्या निर्मिती पासून ते जीवनाच्या उत्क्रांतीचे पालनपोषण करण्यापर्यंतचा समावेश आहे" – रॉबट हेझेन

१३८० कोटी वर्षापूर्वी 'बिगबॅंग' मधून ब्रम्हांडाची उत्पती झाली. वेगवेगळे मुलभूत कण, भौतिक बले, प्रचंड उर्जा, अवकाश आणि वेळ याची निर्मिती झाली. त्यानंतर ४६० कोटी वर्षापूर्वी पृथ्वी ग्रह आणि सूर्यमाले तील इतर ग्रहांची निर्मिती झाली. पृथ्वी निर्माण झाल्यानंतर ८० कोटी वर्षे कुठेही जीवनाचा थांगपत्ता नव्हता.त्यानंतर ३८० कोटी वर्षांपूर्वी जीवनाची सुरवात झाली.जीवन आरंभ होऊन जो हा ३८० कोटी वर्षाचा मोठा कालखंड आहे त्या कालखंडा चा अभ्यास करण्याच्या दृष्टीने चार महायुगामध्ये विभाजित केलं गेलं आहे. याला 'जीयालोजीकल टाइम स्केल' म्हणजे भूवैज्ञानिक कालमापन असं म्हणतात. हे चार महायुगे पुन्हा काहि युगा (पिरीयड) मध्ये आणि युग (पिरीयड) पुन्हा काही उपयुगा (इपोक) मध्ये विभाजित केली गेली.

चार महायुगे (इरा)

१. कॅम्ब्रियन पूर्व (प्री-कॅम्ब्रियन) महायुग – पुथ्वींवर जिवनाचा एकपेशीय प्राथमिक अवस्थेतील पेशी पासून सुरवात झाल्याचा आणि नंतर जीवाणू पेशी आणि त्यानंतर निळे-हिरवे शेवाळ यांच्या निर्मिती चा हा कालखंड. या काळात निळे-हिरवे शेवाळ किंवा सायानोबाक्टेरिया नी फोटोसिंथेसिस ची सुरवात करून पृथ्वीवर सर्वात प्रथम ऑक्सिजन वायू

वातावरणात सोडला. त्या आधीपृथ्वीचे वातावरण ऑक्सिजन विरहीत होते. हे कॅम्ब्रियन पूर्व युग पृथ्वीवर ५४ कोटीवर्षांच्या आधी अस्तिवात होते. हे युग बदलले कॅम्ब्रियन महाविस्फोटा नंतर. हा महाविस्फोटा घडला १३ ते १५ कोटी इतक्या वर्षांच्या कालखंडात ज्या वेळी बहुपेशीय प्राण्यांच्या प्रजाती उत्क्रांत होण्याची घटना घडली. यात मोठ्या प्रमाणात सजीवांच्या नव्याप्रजाती निमार्ण झाल्या. हे कम्ब्रीयन पूर्व युग पृथ्वी ग्रह तयार झाल्यापासून ते कम्ब्रीयान युगातील कठीण कवच असणाऱ्या शंखांच्या विविध प्रजाती तयार होई पर्यंत. हे महायुग पृथ्वीवर सर्वात जास्त कालावधी करिता अस्तित्वात होते.

२. पेलिओज़ोइक महायुग – हा साधारणत २५ ते २८कोटीवर्षांचा मोठा युगआहे. या युगात पृष्ठवंशीय प्राणी ज्यात मासे (जलचर), उभयचर (अम्फिबिअन) आणि सरपटणारे प्राणी यांच्या विपुल प्रमाणात प्रजाती उत्क्रांत झाल्या. याच युगात खूप साऱ्या वनस्पती आणि प्राणी प्रजाती भूगर्भात गडप झाल्या त्या गडप जीवाश्मांपासून तयार झालेले जीवाश्म इंधन आज आपण वापरत आहोत.आज अस्तिवात असलेले सर्व खंड या युगात एकमेकाला जोडून असल्यामुळे संपूर्ण पृथ्वीवर एकच महाखंड अस्तिवात होता त्याला 'प्यानजिया' या नावाने ओळखले जाते. हा महायुग ५४ कोटी वर्षांच्या आधी सुरु होऊन २५ ते २६ कोटी वर्षापूर्वी संपला. या महायुगाचा शेवट करणारी घटना म्हणजे पर्मियन युगात झालेला 'सामुहिक महाविनाश' (mass extinction). या महाविनाशात त्यावेळी पृथ्वीवर अस्तित्वात असणाऱ्या एकूण ९० टक्के प्रजाती विनाश पावल्या आणि नेहमी करिता विलुप्त झाल्या.

३. मेसोझोईक महायुग – हा मध्यजीव महायुग म्हणून मानला जातो. पेलिओज़ोइक महायुगाच्या शेवटच्या पर्वातील पर्मिअन या युगात जो महाविनाश घडला त्यातून जिवंत राहिलेल्या प्रजातीमधून नव्या प्रजाती उत्क्रांत झाल्या. यात जे सरपटणारे प्राणी टिकून राहिले त्यातून डायनासोर हा नविन प्राणी वंश उत्क्रांत झाला. हा महायुग२५ कोटी ते ६.६ कोटी वर्षापूर्वी अस्तिवात

होता. याला'डायनासोर युग' असंही म्हटलं जाते. या महायुगाला ट्रायसिक, ज्युरासिक आणि क्रीटेसीयश युगांमध्ये विभाजित केले आहे.याच महायुगात 'प्यानजिया' हा महाखंड विभाजित होऊन आजचे सात खंड तयार झाले. या महायुगाचा अंत पुन्हा एका महाविनाशाने नि झाला ज्यात, डायनासोर सोबत ७६ टक्के प्रजाती सामुहिक विनाशात नामशेष झाल्या.

४. सेनोझोईक महायुग – याचा अर्थ सध्याचे जीवन किंवा अलीकडील जीवन असे म्हणता येईल.याची सुरवात होते ती मेसोझोईक महायुगातील शेवटच्या युगात म्हणजे क्रीटेसीयश युगात झालेल्या महाविनाशा नंतर.त्या विनाशात पृथ्वीवरील ७६ टक्के प्रजाती नष्ट झाल्यात आणि ज्या उरल्यात त्यातून नवे महायुग सुरु झाले.या महाविनाशा तून वाचलेले सस्तन प्राणी आता या महायुगाचे चालक बनले.सस्तन प्राणी तसे मेसोझोईक महायुगा मधेच काही सरपटनाऱ्या प्रजाती मधून उत्क्रांत झाले. परंतु आकाराने लहान असल्याने त्यांचे अस्तिव मेसोझोईक महायुगात जाणवत नव्हते. ६.६ कोटी वर्षापूर्वी सुरु झालेलं हे महायुग आता सस्तन प्राण्यानि व्यापलं. याच सस्तन प्राण्यांच्या एका वंशातून मानव उत्क्रांत झाला. या महायुगातील शेवटच्या युगात ज्याला क्वाटरनरी युग म्हटलं जाते त्याच्या प्लेस्टोसीन या उपयुगात माणसाचा पृथ्वीवर प्रवेश झाला.तोपर्यंत पुर्थ्वी मानव विरहीत होती. म्हणजे पृथ्वी वरील ३८० कोटी जुन्या सजीव सृष्टीत मानव हा फक्त २६ लाख वर्षापूर्वीचाच आणि त्यात बुद्धिमान मानव हा तीन लाख वर्षांचाच रहिवाशी आहे.

पृथ्वीचा ४६० कोटी वर्षांच्या इतिहास आपल्या बुद्धीला पटावा म्हणून खालील पद्धतीने समजून घेऊ. समजा ४६० कोटी वर्षाच्या कालखंडाला ३६५ दिवसात परिवर्तीत केलं तर खालील पद्धतीने हा इतिहास मांडता येईल. पृथ्वीची निर्मिती १ जानेवारी ला झाली.२१फेब्रुवारी ला बॅक्टेरिया पृथ्वीवर आले. ऑक्टोबर २५ पर्यंत फक्त एकपेशीय सजीवच होते.त्यानंतर बहुपेशीय सजीव उत्क्रांत झाले. २८ नोव्हेंबरपर्यंत माशे आणि त्या नंतर उभयचर उत्क्रांतझाले.

७ डिसेंबर पर्यंत पर्मियन कालखंडच होता.१५ डिसेंबर ला ज्यूरासिक युग सुरु झाले. डिसेंबरच्या शेवटच्या आठवड्यात सस्तन प्राणी पृथ्वीवर उत्क्रांत झाले. मानवाचे नजीकचे पूर्वज ३१ डिसेंबरच्या रात्री पृथ्वीवर वावरू लागले.आपली होमो प्रजाती फक्त १ तास आधी आणि होमो सेपियन हि बुद्धिवान मानवाची प्रजाती फक्त काही मिनिटा आधी आणि या बुद्धिमान माणसाने तयार केलेले धर्म आणि संस्कृती अगदीच सेकंदा आधीची आहे. त्या मुळे पृथ्वीच्या इतिहासात अगदी सेकंदाच योगदान हि नसणाऱ्या माणसाला आणि त्यांनी निर्माण केलेल्या धर्म आणि संस्कृतींना किती 'शाश्वत' वा 'सनातन' मानावे या वर फक्त काही मिनिटे आधी पृथ्वीवर आलेला हा प्रवाशी विचार करेल काय?

डायनासोरच्या नामशेष झाल्यानंतरचे महायुग (६५० लाख वर्षांआधी)

महायुग (ERA)	युग (PERIOD)	उपयुगे (Epoch) लाख वर्षांपूर्वी
सेनोझोईक महायुग	क्वाटरनरी युग	होलोसीन शेती ची सुरवात -१०-१२ हजार वर्षपूर्व ११.८ हजार वर्षांपूर्वी सुरवात
		प्लेस्टोसीन १६ लाख ते ११.८ हजार बुद्धिवान मानव (होमो सेपियंस) ची उत्क्रांती
	टरसरी युग	प्लीओसीन ५०
		मिओसीन २३०
		ओलीगोसीन ३५०
		एओसीन ५६०
		पेलीओसीन ६५०

तक्ता: १ मानवाची उत्क्रांती आणि विकास झालेले महायुग

प्रकरण ४

बुद्धिमान मानवाची (होमो सेपियन्स) उत्क्रांती

“होमो सेपियन्स जगावर राज्य करतात कारण ते एकमेव प्राणी आहेत जे केवळ स्वतःच्या कल्पनेत अस्तित्वात असलेल्या गोष्टींवर विश्वास ठेऊ शकतात, जसे कि देव, राज्य, पैसा आणि मानवी हक्क” – युवाल नोआ हरारी

मानव हा ‘माकडा’ पासून उत्क्रांत झाला असे विज्ञान सागंते असे सांगून सर्वसामान्य लोकांमध्ये मानवी उत्क्रांती बद्दल गैरसमज पसरविण्यात आले. खर म्हणजे शेपूट असणारे माकड हे मानवाचे पूर्वज नाहीत.शेपूट असणारे माकड आणि अपुच्छ मानवाचे पूर्वज ज्यांना इंग्रजीत ‘एप’ आणि मराठीत ‘कपी’ म्हटलं जाते हे २५० ते ३०० लाख वर्षांपूर्वी एकमेकांपासून विभक्त झाले. म्हणजे ज्यांना आपण शेपूट असणारे माकड म्हणून ओळखतो ते नाही तर कपी वंशातील जसे गोरिला, चिम्पान्झी आणि बोनोबो इत्यादी ज्यांना ‘होमोनिड’ परिवारातील ‘ग्रेटएप’ म्हटलं जाते त्यांचे पूर्वज आणि मानवाचे पूर्वज एक असल्याचे पुरावे जीवाश्माच्या स्वरुपात मिळतात. अदमासे सत्तर ते पन्नास लाख वर्षापूर्वी ‘ग्रेटएप’ मादीला दोन मुली झाल्या त्या पैकी एकीचे वंशज चिम्पान्झी म्हणून उत्क्रांत झाले तर दुसरीचे वंशज मानवाचे पूर्वज.

पंचविश लाख वर्षापूर्वी दक्षिण आफ्रिकेत ‘आस्ट्रेलोपिथीकस’ या प्रजातीचा ग्रेटएप राहत असे. याच आस्ट्रेलोपिथीकस पासून नंतर ‘होमो’ च्या वेगवेगळ्या प्रजाती विकसित झाल्या.२० लाख वर्षापूर्वी ‘आस्ट्रेलोपिथीकस आफ्रिकेनसीस’ मधून होमो ची प्रजाती ‘होमो हिबिलस’

उत्क्रांत झाली. होमो हिबिलीस म्हणजे हाताचा उपयोग करणारा मानव. होमो हिबिलीस नंतर 'होमो इरेक्टस' हि प्रजाती उत्क्रांत झाली.होमो इरेक्टस म्हणजे सरळ किंवा ताठ मानव. तसं बघितलं तर ७० ते ८०लाख वर्षापूर्वीच'सहलिअन्थ्रौस' नावाच्या प्रजातीचा होमोपूर्वज दोन पायांवर चालायला लागला होता. त्यानंतरआस्ट्रेलोपिथीकस आणि होमो हिबिलस झाडावरून आणि जमिनीवरून थोडे फारताठ चालायला लागले परतू होमो इरेक्टस हि प्रजाती अगदी ताठ होऊन दोन पायांवर चालणारी पहिली प्रजाती ठरली. तसेच होमो इरेक्टस हि आफ्रिके बाहेर पडणारी पहिली प्रजाती. जवळपास १८ लाख वर्षापूर्वी हि प्रजाती आफ्रीकेबाहेर युरोप आणि आशिया मध्ये आली. युरोप आणिपश्चिम आशियामध्ये होमो इरेक्टस उत्क्रांत होऊन नवी प्रजाती तयार झाली त्याप्रजातीला 'होमो निआनडरथालंसीस' या नावानी ओळखले जाते. निआनडरथलं मानव हा युरोपच्या थंड वातावरणात वाढल्यामुळे होमो सेपियन्स (बुद्धिमान मानव) पेक्षा वजनाने भारी आणि पीळदार स्नायू असणारा होता. युरोपात नंतर जेव्हा बुद्धिमान मानव दाखल झाला तेव्हा निआनडरथलं सोबत त्यांचे संघर्ष झाले असावे बुद्धिमान मानव वरचढ ठरला असावा आणि त्याने या निआनडरथलं मानवाचा सफाया केला असावा. निआनडरथलं मानव ३०००० ते ४०००० वर्षांपूर्वी नाहीसा झाला असे जीवाश्मावरून लक्षात येते. एका दुसऱ्या मता नुसार निआनडरथलं मानवाचा आणि बुद्धिमान मानवाचा आंतरप्रजनन झाले असावे कारण आजच्या युरोपियन लोकांमध्ये निआनडरथलं चे १-४% डी.एन.ए. सापडते.

'होमो इरेक्टस' हि प्रजाती वेगवेगळ्या ठिकाणी वेगवेगळ्या पध्दतीने उत्क्रांत होत गेली. इंडोनेशियातल्या जावा बेटावर 'होमो सोलेन्सीस' आणि फ्लोरेस बेटावर 'होमो फ्लोरेन्सीस' प्रजाती विकसित झाली. होमो फ्लोरेन्सीस मानव आकारानी लहान म्हणजे उंची फक्त एक मीटर आणि वजन जास्तीतजास्त २५ किलो असे 'खुजे मानव' या बेटावर विकसित झाले.

इ.स. २००८ मध्ये सैबेरियातील डेनिसोवा नावाच्या गुहेत एका बोटाच्या हाडाचे जीवाश्म मिळाले. या जीवाश्मातून डी.एन.ए.वेगळा करून २०१० मध्ये त्याचे विश्लेषण केल्या गेले. या जीवाश्म डी.एन.ए.च्या अभ्यासातून मानवाच्या एका नव्या भावंडाचा शोध लागला. या नविन प्रजातीच्या शोधाकारिता अनुवंश शास्त्रज्ञ डॉ.स्वान्ते पआबो यांना २०२२ चा औषधशास्त्रतील नोबेल पुरस्कार देंण्यात आला. तेथील डेनिसोवा गुहेच्या नावावरून या मानव प्रजातीला नाव दिल्या गेलं 'होमो डेनिसोवन'. आता २०२५ मध्ये डेनिसोवन मानवाची १,४६००० वर्षाआधीची कवटी चीन मधेही सापडली आहे.आजच्या न्यू पापुवा गिनी आणि ऑस्ट्रेलिया तील मुळच्या रहिवाशी लोकांमध्ये थोड्या प्रमाणात का होईना डेनिसोवन डी.एन.ए. सापडतो. युरेशियन लोकांमध्ये निआनडरथलं डी.एन.ए. थोड्या प्रमाणात सापडतो तसचं डेनिसोवन डी.एन.ए. पण सापडतो. म्हणून आजच्या युरेशियात राहणाऱ्या मूळ रहिवाशी लोकांचे होमो सेपिअन पूर्वज यांचे निआनडरथलं मानवा सोबत आणि डेनिसोवन मानवा सोबत आंतरप्रजनन झाले असेल असे शास्त्रज्ञांचे मत आहे.

युरोप आणि आशिया खंडातील मानवाप्रमाणे तिकडे पूर्व आफ्रिकेमध्ये हि उत्क्रांती सुरूच होती तिथे 'होमो रुडोल्फेन्सीस' आणि 'होमो इरगेस्टर' ह्या प्रजाती उत्क्रांत झाल्या.आफ्रिकेत होमो इरेक्टस उत्क्रांत होऊन बुद्धिमान मानव (होमो सेपियंस) बनला.१९८७ मध्ये एलेन विल्सन आणि त्यांच्या सहकार्यांनी आफ्रिकेत मिळालेल्या एका स्त्री जीवाश्मा मधून 'मायटोक्यानड्रीएल डी.एन.ए'. वेगळा करून त्याचं वय काढलं. त्या स्त्री जीवाश्माला 'मायटोक्यानड्रीएल इव्ह' संबोधले गेले. ती साधारणता २ लाख ते १६०००० वर्षांच्या आधी आफ्रिके मध्ये राहणारी स्त्री म्हणजे आजच्या सर्व मानवाची 'जन्मदात्री' असं म्हणायला हरकत नसावी. मोरोक्को (आफ्रिका) मधीलसाफी शहरा पासून पन्नास किलोमीटर वर असलेल्या जेबेल इर्होद गुहेमध्ये सापडलेल्या बुद्धिमान मानवाचा सर्वाधिक प्राचीन जीवाश्माचे वय ३

लाख इतके काढले गेले. त्यावरून बुद्धिमान मानव म्हणजे 'होमो सेपियन्स' आफ्रिकेत ३०००० ते ३३०००० वर्षापूर्वी उत्क्रांत झाला अस मानण्यात येते.

सिनोझोईक या महायुगातील शेवटच्या पर्वात ज्याला क्वाटरनरी युग म्हटलं जाते त्याच्या प्लेस्टोसीन या उपयुगात माणसाचा पृथ्वीवर प्रवेश झाला.तोपर्यंत पुर्थ्वी मानव विरहीत होती. म्हणजे पृथ्वी वरील ३८० कोटी जुन्यासजीव सृष्टी त मानव वंश (होमो) हा फक्त २६ लाख वर्षापूर्वीचाच आणि त्यात बुद्धिमान मानव हा ३००००० ते ३३०००० वर्षांचाच रहिवाशी आहे.

मानव कधी झाला बुद्धिमान?

'सेपियन्स' या जगप्रसिद्ध बेस्टसेलर पुस्तकात लेखक युवाल नोआ हरारी म्हणतो "आजच्या एखाद्या माणसाने वीस लाख वर्षापूर्वी पूर्व आफ्रिकेत भटकंती केली असती, तर त्याला पुढे दिलेली दृश्ये दिसली असती- आपल्या बाळांना कुशीत घेऊन गोन्जारणाऱ्या चिंतातूर आया, आईच्या धाकातून वेगळी होऊन चिखलात निर्धास्तपणे हुंदडणारी मुल, टोळीच्या नियमाविरोधात संतप्त झालेले लहरी तरुण, शांतेत जीवन घालवू इच्छिणारे थकले – भागलेले वृद्ध, छातीपिटून आपल्या पौरुषत्वाने स्थानिक सुंदरीवर प्रभाव पाडणारे दादा लोक...... प्रेम, क्रीडा, मैत्री याबरोबरच सत्ता किंवा उच्च दर्जा प्राप्त करण्यासाठीही प्राचीन मानव स्पर्धा करत असे. अश्याच कृती चिपांझी, बबून आणि हत्ती हे प्राणीही करतात."

साधारणतः ७० हजार वर्षापूर्वी मानव हा इतर प्राण्यांप्रमाणे एक जंगलात राहणारा सर्वसामान्य प्राणीच होता जसे अजूनही मानवाचे जवळचे नातेवाईक चिम्पान्झी, गोरीला किंवा बोनोबो जगत आहेत.एक क्रांती ज्याला युवाल नोआ हरारी याने 'कॉग्नेटिव्ह' 'बोधात्मक क्रांती' असं संबोधले आहे

ती ७० हजार वर्षापूर्वी झाली असं मानण्यात येते. या बोधात्मक क्रांतीला कोणते घटक कारणीभूत ठरले असं विचार केला असता काही मुलभूत बाबी समोर येतात.पहिला घटक म्हणजे मेंदुंचा वाढलेला आकार. आजच्या एखाद्या प्रौढ मानवाच्या मेंदूचा आकार हा १३०० ते १४०० ग्राम इतका म्हणजे त्याच्या शरीराच्या २-३ टक्के वजन मेंदूच असते. इतर सस्तन प्राणी जसे हत्ती, व्हेल मासा, डॉल्फिन्स इत्यादी प्राण्यांचे मेंदू सुद्धा त्यांच्या वजनाच्या मानाने भरपूर मोठी असतात परतुं ते काही मानवा इतके बुद्धिवान नसतात. त्यामुळे आकारा सोबतच मेंदूत असणाऱ्या न्यूरॉनची संख्या किंवा मेंदूतील काही विशिष्ट भाग जसे सेरेब्रल कोरटेक्स आणि इतर मेंदूतील भाग उत्क्रांत झाल्यामुळे माणूस बोलायला, सवांद साधायला, कल्पना करायला आणि विचार करायला लागला. एक सस्तन प्राणी ते 'विचार करणारा माणुस' घडण्या मागे मानवी जनुकांमध्ये (जीन्स) झालेले कायमचे बदल ज्याला ' म्युटेसन' किंवा 'उत्परिवर्तन' म्हटलं जाते ते हि कारणीभूत आहेत. जसे फॉक्स पी-२ जीन ज्याने मानवाला भाषा अवगत झाली, SRGAP2Cजीन ज्याच्या मुळे मेंदूतील न्युरान्सचे भरपूर जोडणी जोडली गेली आणि वोन इकोनोवो न्युरान्स ज्यामुळे स्वत्वाची जाणीव, सहानुभूती आणि सामाजिक भावना जागृत झाली. अश्या बऱ्याच जनुकां मध्ये उत्परिवर्तन होत गेले.

७० हजार वर्षांच्याआधी जी बोधात्मक क्रांती झाली त्यातून भविष्यातील एक अत्यंत बुद्धिमान प्राण्याची प्रजाती विकसित झाली. हि प्रजाती भविष्यात पुथ्वी ग्रह सोडून अंतराळात इतर ग्रहावर वस्ती करणार होती. तंत्रज्ञानाच्या मदतीने आकाश, जल आणि पृथ्वीतिन्हीवर साम्राज्य करणार होती.३५० कोटी वर्षांत असी एकमेव प्रजाती पृथ्वीवर विकसित होणार होती जिच्या मुळे खुद्द पृथ्वी ग्रह आणि या ग्रहावरील जीवसृष्टीचे अस्तिवच धोक्यात येणार होते.हि प्रजाती पुढे जावून शेती करणार होती आणि त्या करिता लाखो हेक्टर वरील जंगल उध्वस्त करून इतर प्रजातींचे अस्तिव संपवून टाकणार होती. मिळालेल्या बुद्धीच्या जोरावर स्वतःलाच

जात, वर्ण, वर्ग, संस्कृती आणि धर्म या अनैसर्गिक वर्गीकरणा मध्ये विभाजित करणारी पृथ्वीतलावरील पहिली प्रजाती ठरणार होती. इतकंच नाही तर पृथ्वीला आपली मालकीची जागा समजून काही सीमामध्ये विभाजित करणार होती. या प्रजातिनी स्वतःच तयार केलेल्या या वर्गीकरणा करिता आणि पृथ्वीच्या काही भू-भागा वर हक्क स्थापित करण्या करिता मोठ-मोठी युद्ध करूनस्वप्रजातीचे हत्याकांड केले जाणार होते. इतकंच नव्हे तर हि प्रजाती इतकी भयंकर विकसित होणार होती कि हिने तयार केलेली अस्त्रे संपूर्ण जीवसृष्टी नष्ट होण्याची शक्यता निर्माण करणारी ठरणार होती.

प्रकरण ५

आफ्रिका – बुद्धिमान मानवाचं पाळणाघर

"डी.एन.ए.मानव जातीचे उगमस्थान दर्शवते.होमो सेपियंसचा उगम एका पाणथळ प्रदेशात झाला, जो एकेकाळी आजच्या उतर बोट्स्वानाच्या भागात होता. स्थलांतरास सुरुवात करण्या पुर्वी मानव तिथे सुमारे ७० हजार वर्षे राहिला" – शोधपत्रिका 'नेचर'

विश्वास होत नाही परंतु सत्य आहे कि आज जिवंत असणाऱ्या प्रत्येक मानवाचे पूर्वज कधीतरी फक्त आफ्रिकेतच राहायचे.आज ज्यांची जवळपास ८.२ अब्ज लोकसंख्या आहे त्या मानव प्रजातीची कधी काळी फक्त १००० ते १०००० इतकीच लोकसंख्या पृथ्वीच्या फक्त थोड्याच भू-भागावर जिवंत होती. या इतक्या कमी लोकसंख्येच्या प्रजातिनी आफ्रीकेबाहेर पडताना आणि आपला विस्तार करताना काही अनुवांशिक खुणा आजच्या पूर्वजांच्या डी.एन.ए.मध्ये जपून ठेवल्या आहेत.या अनुवांशिक खुणा अभ्यासल्या नंतर वैज्ञानिकांचे आता कुठे एकमत झालेय कि बुद्धिमान मानव हा आफ्रिकेत उत्क्रांत होऊन साधारणता ७० हजार वर्षांपूर्वी तो आफ्रीकेबाहेर पडला आणि आजची आफ्रीकेबाहेरील मानव जात त्या ७० हजार वर्षांपूर्वी स्थलांतर झालेल्या बुद्धिमान मानवाची (होमो सेपियंस) संतती होय.

याआधी बुद्धिमान मानव कसा उत्क्रांत झाला असेल याचे काही मॉडेल काही मानववंशशास्त्रज्ञानी दिलेली होती

मूळ बहुक्षेत्रीय मॉडेल (multiregional model)

१९४६ मध्ये मानववंशशास्त्रज्ञ वेइडनरिच यांनी मांडले होते. या मॉडेलनुसार, प्लेइस्टोसीन युगामध्ये जगभरातील विविध भागांमध्ये राहणाऱ्या 'होमो इरेक्टस' उप-प्रजातींमध्ये महत्त्वपूर्ण 'जीन प्रवाह' (gene flow) झाला. त्यामुळे आधुनिक मानवाचे पूर्वज अनेक प्रदेशांमध्ये राहणाऱ्या अनेक होमिनिन (hominin) समूहांमधून आले आहेत. असंबहुक्षेत्रीय मॉडेल च म्हणन होत.

कॅन्डेलॅब्रा मॉडेल (Candelabra Model)

मूलभूत सिद्धांत: या मॉडेलनुसार, सुमारे १० लाख वर्षांपूर्वी आफ्रिकेतून बाहेर पडलेले आपले आदिमानव पूर्वज नंतर विविध खंडांमध्ये स्थायिक झाले आणि त्यांनी स्वतंत्रपणे आधुनिक मानवासारखी वैशिष्ट्ये विकसित केली.

विकास प्रक्रिया: हा सिद्धांत असे मानतो की आधुनिक मानवाचा उदय गेल्या १० लाख वर्षांत जगभरातील अनेक ठिकाणी एकाच वेळी आणि स्वतंत्रपणे झाला. त्यामुळे, आफ्रिकेबाहेरील आजचे मानववंश प्रामुख्याने त्या त्या ठिकाणी स्वतंत्रपणे उत्क्रांत झालेल्या 'होमो' प्रजातींपासून विकसित झाले आहेत.

महत्त्वाचा मुद्दा: या मॉडेलमध्ये 'स्वतंत्र समांतर उत्क्रांती' (independent parallel evolution) ही संकल्पना केंद्रस्थानी आहे. याचा अर्थ, विविध भौगोलिक प्रदेशांमध्ये मानवी समूहांमध्ये कोणताही मोठा जनुकीय संबंध नव्हता, आणि प्रत्येकाने स्वतःच्या ठिकाणी आधुनिक रूप धारण केले.

वरील दोन्ही मॉडेल्स हि जीवाश्म अभ्यासातील निष्कर्षावर आधारित होती. आता अत्याधुनिक रेण्वीय जीवशास्त्राच्या मदतीने प्राचीनडी.एन.ए. विशेषतः माइटोकॉन्ड्रियल डीएनए (mt-DNA) चे विश्लेषण करून नविन मॉडेल तयार केल्या गेले. या मॉडेल नुसारबुद्धिवान मानव हा आफ्रिकेत २ लाख वर्षापूर्वी उत्क्रांत होऊन साधारणता ७० हजार वर्षांपूर्वी तो आफ्रीकेबाहेर पडला आणि

आजची आफ्रीकेबाहेरची संपूर्ण मानव जात त्या ७० हजार वर्षांपूर्वी बाहेर पडलेल्या बुद्धिमान मानवाची (होमो सेपियंस) संतती होय.

सध्या आफ्रीकेबाहेर राहत असलेल्या सर्व मानवांमध्ये माइटोकॉन्ड्रियल डीएनए चे दोन हॅप्लोग्रुप आढळतात हॅप्लोग्रुप-M आणि हॅप्लोग्रुप-N. या दोन हॅप्लोग्रुपचा उद्गम ६०-६५ हजार वर्षापूर्वीहॅप्लोग्रुप-L-3 मधून झाला. L-3 हॅप्लोग्रुप हा आफ्रिकेमधील बुद्धिमान मानवात ७० हजार वर्षापूर्वी उद्यास आला. आता क्रमवारी लक्षात घ्या कि आफ्रिकेतील पुर्वजा मध्ये आधीच्या L या मूळ हॅप्लोग्रुप मधून ७०हजार वर्षांपूर्वी L-3 हॅप्लोग्रुप हा उदयास आला. त्यानंतर L-3 हॅप्लोग्रुप मधून ६०-६५ हजार वर्षांच्या पूर्वी हॅप्लोग्रुप-M आणि हॅप्लोग्रुप-N हे तयार झाले. L0, L1, L2 -हे हॅप्लोग्रुप फक्त आफ्रीकन जनसमुदाया मधेच बघायला मिळतात. आफ्रीकेबाहेर हे तीनही हॅप्लोग्रुप नाहीत.

Y- गुणसूत्राच्या हॅप्लोग्रुप सुद्धा यालाच दुजोरा देतात की बुद्धिमान मानव आफ्रिकेतून बाहेर स्थलांतर करून जगभर पसरला. आफ्रीकेतील C, D आणि F या तीन हॅप्लोग्रुपची उपस्थिती आफ्रीकेबाहेरील लोकांमध्ये दिसून येते. Y-क्रोमोसोम हॅप्लोग्रुप वितरण हा पितृवंशाच्या वंशाचा भौगोलिक नकाशा आहे, ज्यामध्ये सर्वात जुने हॅप्लोग्रुप (A, B) केवळ आफ्रिकेत आढळतात, तर इतर सर्व आफ्रिकेतील एका सामान्य पूर्वजापासून उद्भवतात. हॅप्लोग्रुप R युरोप आणि आशियाच्या काही भागात व्यापक आहे, J मध्य पूर्व आणि आशियाच्या काही भागात केंद्रित आहे आणि C, O आणि L आशिया आणि ओशनियामध्ये सामान्य आहेत. हे वितरण प्राचीन स्थलांतरांना प्रतिबिंबित करते, विशिष्ट हॅप्लोग्रुप विशिष्ट प्रदेशांवर आणि उप-वर्गांवर वर्चस्व गाजवतात आणि प्रादेशिक विस्तार आणि विविधतेतून उदयास येतात.

हॅप्लोग्रुप ए: सर्वात जुने हॅप्लोग्रुप (A00, A, B) केवळ आफ्रिकेत आढळतात, कॅमेरूनमध्ये A00 चे आधुनिक प्रमाण सर्वाधिक आहे.

हॅप्लोग्रुप ई: हा हॅप्लोग्रुप संपूर्ण आफ्रिकेत आढळतो, ज्यामध्ये पूर्व आफ्रिकन आणि इतर आफ्रिकन लोकसंख्येशी संबंध असल्याचे सूचित करणारे वेगवेगळे प्रादेशिक गट आहेत.

युरेशिया

हॅप्लोग्रुप आर: युरोप, मध्य आशिया आणि दक्षिण आशियामध्ये व्यापक आहे, काही प्रमाणात पश्चिम आशिया आणि आफ्रिकेतही आढळते. **दक्षिण आशिया आणि पूर्व युरोपच्या काही भागात उपवर्ग R1a1a सामान्य आहे.**

हॅप्लोग्रुप जे: मध्य पूर्व, काकेशस, इराण आणि अनातोलियामध्ये प्रचलित. उपवर्ग J2 या प्रदेशात तसेच दक्षिण आशिया आणि चीनमध्ये सामान्य आहे.

हॅप्लोग्रुप एन: आग्नेय आशियापासून पूर्व युरोपपर्यंत पसरलेला.

हॅप्लोग्रुप एच: दक्षिण आशियातील एक महत्त्वाचा हॅप्लोग्रुप, जो बहुतेकदा आर आणि एल सोबत आढळतो.

हॅप्लोग्रुप एल: दक्षिण आशियातील पितृवंशाचा एक प्रमुख घटक.

आशिया आणि ओशनिया

हॅप्लोग्रुपसी, ओ आणि एल: आशिया आणि ओशनियामध्ये सामान्य आहे. हॅप्लोग्रुप ओ पूर्व आशियामध्ये प्रमुख आहे. हॅप्लोग्रुप सी आणि त्याचे उपवर्ग भारतासह आशियाच्या विविध भागात आणि ओशनियामध्ये आढळतात.

हॅप्लोग्रुप के: आग्नेय आशियात उगम पावला आणि मुख्य भूमी आशियात विस्तारला असे मानले जाते.

हॅप्लोग्रुप क्यू: दक्षिण आशिया आणि आशियाच्या इतर भागांमध्ये आढळते, ज्यामध्ये अमेरिकेतील स्थानिक लोकसंख्येचा समावेश आहे.

अमेरिका

हॅप्लोग्रुप क्यू: अमेरिकेतील सर्वात सामान्य वाय-गुणसूत्र हॅप्लोग्रुप, जो आशियातून होणाऱ्या स्थलांतराशी जोडला जातो.

हॅप्लोग्रुप टी: जरी कमी सामान्य असले तरी, हॅप्लोग्रुप टी आणि त्याचे उपवर्ग इबेरियन द्वीपकल्पातील लोकसंख्येमध्ये आणि स्पॅनिश वंशजांद्वारे अमेरिकेशी जोडलेले आढळले आहेत.

आफ्रिका बाह्य संकल्पना (ऑउट ऑफ आफ्रिका थेओरी)

बुद्धिमान मानव (होमो सेपियंस) २ ते ३ लाख वर्षांपूर्वी आफ्रिकेत त्याच्या आधीच्या (होमो इरेक्टस) प्रजाती मधून उत्क्रांत होऊन आफ्रीकेबाहेर स्थलांतरीत झाला. हे स्थलांतर वेगवेगळ्या कालखंडात होत गेले. परंतु त्या सर्व स्थलांतरा पैकी ज्याला शेवटचे स्थलांतर म्हणता येईल असे स्थलांतर ५० हजार ते ७० हजार वर्षांपूर्वी घडले ज्याच्यातून आज अस्तित्वात असणारी संपूर्ण आफ्रीकेबाहेरची मानवी लोकसंख्या विकसित झाली. जे काही त्या स्थलांतरातून बाहेर न पडता आफ्रिके मध्येच थांबले त्यांचे वंशज आज सुद्धा आफ्रिकेत राहत आहेत.

७० हजार वर्षांपूर्वीच्या स्थलांतरा आधी सुद्धा बुद्धिमान मानवाने स्थलांतर केले असावेत परंतु त्यांच्या वंशजांचा जगभर विस्तार होऊ शकला नाही. कदाचित ते बुद्धिमान मानवाचे वंशज त्याकाळच्या एखाद्या नैसर्गिक घटने मुळे नामशेष झाले असावेत किंवा युरोप आणि लवांत प्रदेशात राहणाऱ्या होमो नियान्दर्थालान्सीस (नियानडरथल मानव) पुढे त्यांचा निभाव लागला नसावा. उदाहरणार्थ ७४हजार वर्षांपूर्वी सुमात्रा, इंडोनेशिया इथे टोबा ज्वालामुखीच्या मोठ्या उद्रेकामुळे त्या वेळची बुद्धिमान मानवाची जनसंख्या मोठ्या प्रमाणात नष्ट झाली असावी.

मोरोक्को मधील साफी शहरापासून पन्नास किलोमीटरवर असलेल्या जेबेल इर्होद गुहेमध्ये बुद्धिमान मानवाचा सर्वाधिक प्राचीन अवशेष ३ लाख १५ हजार वर्ष इतक जुणे आहे. २०१८च्या जानेवारी महिन्यात, उत्तर इस्त्रईलमधल्या मिसिलीया ईथे बुद्धिवान मानवाच्या वरच्या जबड्याचे दात सापडले. ते १८०००० वर्षांपूर्वीचे आहेत. त्या आधी इस्त्रईल मधल्या स्खूल आणि कंफेज येथील गुहेमधेही ८० हजार ते १ लाख २०हजार वर्षांच्या आधीचे अवशेष सापडले होते. हे अवशेष आफ्रिकेबाहेर फक्त लवांत प्रदेशातच (आजचे सिरीया, जार्डन, लेबनॉन जार्डन आणि इस्त्रईल) नव्हे तर इतर ठिकाणीसुद्धा सापडतात. २०१८च्याएप्रिल महिन्यात सौदी अरेबियाच्या ईश्यान्य भागात अल वूस्ता या ठिकाणी ८८ हजार वर्षांपूर्वीची बुद्धिमान मानवाचे अवशेष झालेलं बोट सापडलं. हे सर्व बुद्धिमान मानवाचे अवशेष हेच निदर्शित करतात कि बुद्धिमान मानव ५० हजार ते ७० हजार वर्षापुर्वी आफ्रीकेबाहेर पडायच्या कितीतरी आधीही आफ्रीकेबाहेर स्थलांतरित झालेला होता. परंतु त्याचा विस्तार जगभर झाला नाही आणि जेव्हा ५० हजार ते ७० हजार वर्षापूर्वी पुन्हा एकदा जेव्हा आफ्रीकेबाहेर पडला त्यावेळी मात्र तो जगभर विस्तार करण्यात यशस्वी ठरला. या बुद्धिमान मानवाचे हे स्थलांतर मग वेगवेगळया लाटांमध्ये झालेले दिसून येते. हा बुद्धिवान मानव युरोप मध्ये ४०-४५ हजार वर्षापूर्वी, ऑस्ट्रेलिया मध्ये ६०-६५हजार वर्षापूर्वी, दक्षिण आशिया मध्ये ६५-७० हजार वर्षापूर्वी आणि उत्तर आणि दक्षिण अमेरिकेत अगदी १४ ते१६ हजार वर्षांपूर्वी स्थलांतरित झाला.

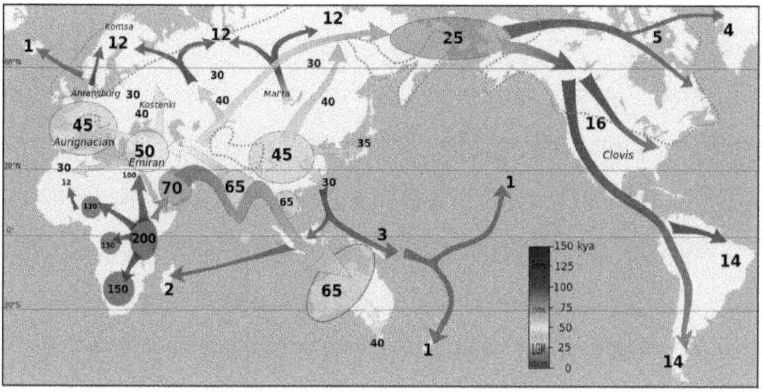

बुद्धिवान मानवाचा जगभरात विस्तार

(सौजन्य – https://commons.wikimedia.org/w/index.php?curid=68921860)

बुद्धिमान मानव आफ्रिका सोडून दोन मार्गांनी बाहेर पडला असावा असे वैज्ञानिकांचे मत आहे. एक मार्ग हा उत्तरे कडून बाहेर पडतो तर दुसरा दक्षिणे कडून. उत्तरे कडूनचा मार्ग हा इजिप्तच्या सिनाई प्रांतातून लवांत प्रदेशात निघतो. दुसरा मार्ग हा दक्षिणे कडील मार्ग आहे. हा मार्ग एरीत्रीयातून लाल समुद्राच्या टोकावरच्या बाब-अल-मान्दाबेवरून येमेन आणि सौदी अरेबियाकडे जातो.उत्तर मार्गातून कोणताही समुद्र ओलांडावा लागत नाही. पण दक्षिणे कडील मार्ग हा समुद्रा तून जातो. सध्या हे ३० किलोमीटर चे अंतर आहे. परंतु त्या वेळी हिमयुग असल्यामुळे मुळे समुद्रपातळी खाली असण्याची शक्यता आहे.

हवामानाचा परिणाम

दळणवळणाची कोणतीही साधने नसताना आफ्रिकेत राहणारे होमो इरेक्ट्स आणि नंतर होमो सेपियंस (बुद्धिमान मानव) एका खंडातून दुसऱ्या खंडात कसे काय स्थलांतरीत झाले असावेत? हा प्रश्न अत्यंत महत्वाचा आहे.

कारण आफ्रिका ते ऑस्ट्रेलिया हा जवळपास १० ते १२ हजार किलोमीटर किंवा आफ्रिका ते भारत हा जवळपास ८ ते ९ हजार किलोमीटर चा प्रवास. या प्रवासात असंख्य धोके आणि अडचणी जसे समुद्राचे पाणी, नद्या, हिंस्त्र प्राणी आणि इतर सर्व नैसर्गिक आपत्ती यांना तोंड देत भटकंती करताना बुद्धिमान मानवाच्या हजारो पिढ्या गेल्या असतील तेव्हा कुठे ते इथपर्यंत पोहचले असतील.तत्कालीन हवामान आणि हवामानामुळे भौगोलिकदृष्ट्या झालेला बदल या मुळे स्थलांतर साध्य झाले असावे. २५ मार्च २०२४ च्या 'नेचर' या संशोधन पत्रिकेतील प्रकाशित संशोधन लेखा नुसार ६० ते ७० हजार वर्षांपूर्वी आफ्रीकेबाहेर स्थलांतरित झालेला बुद्धिमान मानव हा युरेशिया मध्ये ४० ते ४५ हजार वर्षानंतर पोहचला. या दरम्यान २० हजार वर्षे तो पर्शियन पठारावर स्थिर झाला.पर्शियन पठारावरून नंतरच्या पिढ्या जगातील इतर भागात विस्तारित झाल्या.

'सजीव सृष्टीचे कालमापन' या प्रकरणात सध्याच्या महायुगाला **'सेनोझोईक महायुग'** असं म्हटलं जातंय हे आपण बघितलं. या महायुगातील शेवटच्या युगाला क्वाटरनरी युग म्हटलं जाते. या युगात प्लेस्टोसीन आणि होलोसीन असे दोन कालखंड येतात.२६ लाख ते ११,७०० वर्षांपूर्वीचा कालखंड म्हणजे प्लेस्टोसीन. आणि ११,७०० वर्षानंतर चा कालखंड म्हणजेहोलोसीन. मानवाची उत्क्रांती आणि जगभर विस्तार हा याच प्लेस्टोसीन या कालखंडात झाला. (तक्ता क्र.१) या प्लेस्टोसीन कालखंडात पृथ्वीच्या वातावरणात अनेक स्थित्यंतर झाली. कधी पृथ्वीवर हिमयुग आले तर कधी शुष्कता आली. या वातावरण बदलाचा परिणाम बुद्धिमान मानवाच्या अस्तिवा सोबतच इतर मानवी प्रजाती (होमोनीन) वर पण पडला.

प्राचीन वातावरण बदलाचा अभ्यास करण्यासाठी भूगर्भ शास्त्रज्ञानि ऑक्सिजन समस्थानकांचे (आयसोटोप) विश्लेषण करण्याची पद्धत शोधून काढली आहे.समुद्राच्या तळात खोलवर खडा करून त्यातील

गाळाच्या थरांचे विश्लेषण करून त्यात $O^{१६}$ आणि $O^{१८}$ या दोन ऑक्सिजन समस्थानकांचे गुणोत्तर आणि प्रमाण शोधले जाते. $O^{१८}$ यासमस्थानकांचे प्रमाण अत्याधिक असणे हे तिथलं हवामान अतिशीत, बर्फाच्छादित असणे दर्शवितो. तेच $O^{१८}$ चे प्रमाण अतिशय कमी असणे हे तेव्हाचं हवामान उबदार आणि आद्र असल्याचं मानले जाते. या आधारावर प्राचीन वातावरणाचे टप्पे तयार केले गेले. या टप्प्यांना Marine Isotope Stages (M.I.S.) असं म्हटले जाते. सध्याM.I.S.1हा टप्पा सुरु आहे. हा टप्पा १४ हजार वर्षापुर्वी सुरु झाला. या टप्प्यात उबदार आणि आद्र वातावरण आहे. या आधीचा M.I.S.2 हा टप्पा हिमयुगाचा होता. तो कालखंड २९ हजार वर्षापूर्वी सुरु होऊन १४ हजार वर्षापूर्वी पर्यंत टिकला. अश्याप्रकारे एका नंतर एक आळीपाळीने उबदार आद्र आणि हिमयुग पृथ्वीवर येत गेले. ज्या M.S.I.कालखंडाचे निर्देशांक विषम आहेत, ते सर्व कालखंड उबदार आणि आद्र आहेत (उदा.M.I.S.1, M.I.S.3, M.I.S.5 इत्यादी), तर सम निर्देशांक (उदा.M.I.S.2, M.I.S.4, M.I.S.6 इत्यादी) असलेले कालखंड थंड आणि कोरडे हवामान असलेले हिमयुगीन कालखंड आहेत.M.I.S.3 हा कालखंड ५७ हजार वर्षापूर्वी सुरु झाला. हा कालखंड उबदार आणि आद्र हवामानाचा असल्यामुळे या कालखंडात बुद्धिमान मानवानि एका खंडातून दुसऱ्या खंडात स्थलांतर केले असावे. बुद्धिमान मानवाच्या या स्थलांतरातील नंतरच्या पिढ्या टिकू शकल्या ज्यामुळे आफ्रीकेबाहेरची जनसंख्या जगभरात विस्तारित झाली.

२०१७ मध्ये बुद्धिमान मानवाचे सर्वाधिक प्राचीन अवशेष हे मोरोक्कोमधील साफी शहरापासून पन्नास किलोमीटर वर असलेल्या जेबेल इर्होद (Jebel Irhoud) येथील गुहे मध्ये सापडले. या अवशेषांचे वय ३,१५००० वर्षे काढल्या गेले. त्याआधी इथोपिया मधील ओमो किशिब येथील अवशेषावरून बुद्धिमान मानव २ लाख वर्षा आधी उत्क्रांत झाला असावा असी मान्यता होती.

आफ्रिकेत उत्क्रांत झालेला बुद्धिमान मानवानी (होमो सेपियन्स) आफ्रीकेबाहेर बऱ्याच वेळा स्थलांतर केल्याचे अवशेषीय पुरावे आफ्रीकेबाहेर सापडतात. परंतु बुद्धिमान मानवाचे यशस्वी स्थलांतर म्हणता येईल असं स्थलांतर आफ्रीकेबाहेर ७० हजार वर्षांपूर्वीच झाले. याचे अवशेषीय पुरावे जरी कमी असले तरी डी.एन.ए.च्या पुराव्या वरून हे सिद्ध करण्यात अनुवंशशास्त्रज्ञ यशस्वी झाले आहेत. ७०,००० वर्षांपूर्वीचे (आफ्रिकाबाह्य) स्थलांतरीत कदाचित दक्षिणेकडच्या मार्गाने निघाले असतील. तो मार्ग आफ्रिकेतून एरित्रिया आणि दिबुती (Djibouti) मधून लाल समुद्राच्या दक्षिण टोकाला असलेल्या ब्याबेल मन्डेब्द्वारे आशियामध्ये (येमेन) घेऊन आला असेल.

प्रकरण ६

बुद्धिमान मानवाचा भारतीय उपखंडातील प्रवेश

"भारत हा मानवजातीचा पाळणाघर आहे, मानवी भाषेचे जन्मस्थान आहे, इतिहासाची माता आहे, दंतकथेची आजी आहे आणि परंपरेची पणजी आहे. मानवाच्या इतिहासातील आमचे सर्वात मौल्यवान आणि सर्वात अभ्यासपूर्ण साहित्य केवळ भारतातच जतन केलेले आहे".

– मार्क ट्वेन

बुद्धिमान मानव (होमो सेपियंस) भारतिय उपखंडात नक्की कधी पोहचला असेल या बाबतीत मानववंशशास्त्रज्ञाची वेगवेगळी मत मतांतरे आहेत. भारतात बुद्धिवान मानवाचे अवशेष अगदी बोटावर मोजता येतील इतकीच सापडली आहेत. १९८२ दरम्यान मध्यप्रदेशातील तील होसंगाबाद जिल्ह्यातील हाथनोरा गावाजवळ एक प्राचीन मानवाच्या (२.५ लक्ष वर्षे आधीची) कवटीचा अवशेष सापडला. हा प्रदेश मध्य नर्मदा खोऱ्यात येतो. या अवशेषांचे शोधकर्ते डॉ.अरुण सोन्किया यांच्या नुसार ते अवशेष एका पुरातन मानवाचे होते.भारतीय मानववंशशास्त्र सर्वेक्षण, कोलकाता चे माजीं शास्त्रज्ञ डॉ.अनेक संख्यान यांनी एप्रिल २०१३ मध्ये प्रकाशित संशोधनलेखा नुसार हे अवशेष बुद्धिमान मानवाच्या आधीची प्रजाती 'होमो इरेक्टस' किंवा त्यानंतर उत्क्रांत झालेल्या 'होमो हायडेलबर्गेन्सीस' या मानव प्रजातीचे असावे. हे अवशेष सापडल्याच्या ठिकाणा वरून याचे नाव 'नर्मदामन' आणि प्रजातीचे नाव 'होमो नर्मदाइंसीस' असे ठेवल्या गेले.

होमो सेपियन्स च्या व्यतिरिक्त सापडणाऱ्या इतर होमो प्रजातींना 'होमिनीन' म्हणतात. होमो सेपियंसचा विस्तार होण्यापूर्वी गेल्या ३० लाख वर्षांमध्ये त्यांचे निरनिराळे पूर्वज असणाऱ्या होमोनीननि जगाच्या वेगवेगळ्या भागात निरनिराळ्या टप्प्यावर आपआपल्या वसाहती निर्माण केल्या होत्या. दक्षिण आशिया आणि भारतात सुद्धा या होमोनीन प्रजातिनी वेगवेगळी वस्तीस्थाने निर्माण केली होती. भारतात या होमोनीनचे अस्तिव दगडी हत्यारे, शैलाश्रय आणि गुहा या माध्यमातून शोधल्या गेली. आजतागायत भारतातील जवळपास तेविश ठिकाणी होमोनीन नि वापरलेली दगडी हत्यारे, सुक्ष्मास्त्र, शैलाश्रय इत्यादी सापडली आहेत (तक्ता क्र.१)

अ.क्र.	ठिकाण	भूगर्भशास्त्रीय प्रदेश/ नदीचे खोरे	कालखंड	मिळालेल्या वस्तू
१	उत्तरबैनि	शिवालिक जम्मू	२८ लाख वर्षांपूर्वी	पुराश्मयुगीनवस्तू
२.	मसोई	शिवालिक, चंदिगढ, पंजाब	२६ लाख वर्षांपूर्वी	विविधप्राण्यांचे जीवाश्म, होमोनीन नाही
३.	रीवात	सोनखोरे पोत्वारचे पठार, पाकिस्तान	१९लाख वर्षांपूर्वी	दगडी वस्तू
४.	पब्बी टेकड्या	शिवालिक, खैबर पख्तून पाकिस्तान	२२ते९ लाख वर्षांपूर्वी	दगडी वस्तू

५.	अत्तीरामपक्कम	कोरटल्ल्यार खोरे, तामिळनाडू	१५ लाखवर्षे ते ७३ हजार वर्षे	अश्युलीयन दुधारी हत्यारे ते मध्य पुराश्मयुगीन हत्यारे
६.	इसमपूर	भीमा प्रदेश, बैचबळखोरे	१२, ७० हजार वर्षापूर्वी	जगातील ज्ञात असणारी एकमेव दगडाची खाण. हातकुऱ्हाड आणि परशुसारख्या अश्युलीयन दुधारी हत्यारांची कार्यशाळा
७.	हाथनोरा	नर्मदा खोरे, मध्ये मधेच	१ लाख ६६ हजार ते ५० हजार वर्षांपूर्वी	पुरश्मयुगीन हत्यारे होमोनीन च्या कवटीचे अवशेष
८.	लक्ष्मी नाला, नेवासा	प्रवरा खोरे महाराष्ट्र	८ ते ३.५ लाख वर्षेपूर्व	हातकुऱ्हाड आणि परशुसारखी अशुलीयीन दुधारी हत्यारे
९.	धनासी	नर्मदा खोरे, मध्य प्रदेश	७.८० ते ८ लाख वर्षांपूर्वी	आद्य पुरश्म युगीन अवशेष

१०.	सिंगी तलाव	नागपूर जिल्हा, राजस्थान	२.४८ लाख वर्षापूर्वी १.७७, ८५ हजार ते ६५ हजार वर्षापूर्वी	हातकुऱ्हाड आणि पशुसारखी अश्यूलीयन दुधारी हत्यारे
११.	मोरगाव	खारा खोरे, महाराष्ट्र	८ लाख वर्षांपूर्वी ते ३७ हजार वर्षांपूवी	हातकुऱ्हाड आणि पशुसारखी अश्यूलीयन दुधारी हत्यारे
१२.	प्रवरा नदीवरील चीरकी	प्रवरा खोरे महाराष्ट्र	३.५० लाख वर्षापूर्वी	हातकुऱ्हाड आणि पशुसारखी अश्यूलीयन दुधारी हत्यारे
१३.	दिना आणि जलापूर	अटक, जि.पंजाब पाकिस्तान	७ लाख ते ४ लाख वर्षापूर्वी	हातकुऱ्हाड आणि पशुसारखी अश्यूलीयन दुधारी हत्यारे
१४.	येडूरवाडी	कृष्णा खोरे, कर्नाटक	३.५० लाख वर्षापूर्वी	हातकुऱ्हाड आणि पशुसारखी अश्यूलीयन दुधारी हत्यारे
१५	तेगीहळी	भीमा खोरे	२.८७ लाख ते ३.५० लाख वर्षापूर्वी	हातकुऱ्हाड आणि पशुसारखी अश्यूलीयन दुधारी हत्यारे

१६	सादब	भीमा खोरे शोरापूर दोयाब कर्नाटक	२.९० लाख वर्षांपूर्वी	हातकुऱ्हाड आणि पशुसारखी अश्यूलीयन दुधारी हत्यारे
१७.	उमरेठी	हिरण खोरे गुजरात	१.९० लाख वर्षांपूर्वी	हातकुऱ्हाड आणि पशुसारखी अश्यूलीयन दुधारी हत्यारे
१८	आदि छडीना वाव	मिलिओलाईट गुजरात	१.९०हजार ते६९ हजारवर्षांपूर्वी	हातकुऱ्हाड आणि पशुसारखी अश्यूलीयन दुधारी हत्यारे
१९.	१६ आर sand dune	थर राजस्थान	१.८७ लाख ते १.३० लाख, ८० हजार ते ४० हजार वर्षांपूर्वी	पुराश्मयुगीन परंपरा
२०.	काल्डेवन हळी	भीमा खोरे, कर्नाटका	१.७४ लाख वर्षांपूर्वी ते १.६६ लाख वर्षांपूर्वी	हातकुऱ्हाड आणि पशुसारखी अश्यूलीयन दुधारी हत्यारे
२१	पाटपारा आणि भाम्बुरी	सोनचे खोरे विन्ध्यप्रदेश, मध्यप्रदेश	१.४० लाख वर्षापूर्वी ते १.२० लाख वर्षापूर्वी	हातकुऱ्हाडआणि पशुसारखी अश्यूलीयन हत्यारे

२२.	भीमबेटका शैलाश्रय-३f२३	विन्ध्यप्रदेश, मध्यप्रदेश	१.०६ लाख ते ९४ हजार वर्षांपूर्वी, ४५ हजार वर्षांपूर्वी	पुराश्मयुगीन परंपरा
२३.	नाक्झर खुर्द	सोन नदीचे खोरे	१लाख वर्षांपूर्वी	हातकुऱ्हाड आणि पशुसारखी अश्यूलीयन दुधारी हत्यारे

तक्ता क्र.२ भारतीय उपखंडातील होमो इरेक्टस आणि इतर होमोनीन यांच्या अस्तित्वाचा पुरावे सापडलेली पुरातात्विक स्थळे (सौजन्य- द इंडियन्स-रवी कोरीसेटर २०२४)

या सर्व पुरातत्व स्थळापैकी फक्त दोनच ठिकाणी प्राचीन मानवाचे जीवाश्म सापडले आहेत.त्यापैकी एक वर उलेख केलेल्या नर्मदा खोऱ्यात सापडलेला'होमो नर्मदान्सीस' ची कवटीआणि अलीकडे ज्वालापुरम इथे आढळून आलेली 'होमो सेपियंस' ची कवटी. भारतात जरी होमो सेपियंसचे जीवाश्म अगदीच कमी सापडले असले तरी भारता नजीकच्या श्रीलंका बेटावर बऱ्या पैकी जीवाश्म, सुक्ष्मास्त्रे आणि इतर वस्तू सापडल्या आहेत. श्रीलंकेतील फाहेन लीना, बाटाडोंबालीना आणि बेली लीना किटूलगाला गुहा या ठिकाणी नव्याने झालेल्या संशोधनाने सुक्ष्मास्त्रांच्या विस्ताराबाबतचे नवे आणि विश्वसनीय तपशील पुरवले आहेत. (द इंडियन्स रवी कोरीसेटर, २०२४). या स्थळांच्या ठिकाणी अलीकडे झालेले संशोधना वरून असे लक्षात येते कि श्रीलंकेमध्ये ५० हजार वर्षां पासून बुद्धिमान मानव राहत आहे (वेदागे आणि इतर २०१९, लग्ली आणि इतर २०२० पिसीन आणिइतर २०२२)

बुद्धिमान मानवाने ७०,००० वर्षांपूर्वी जर आफ्रिका सोडून जगात इतरत्र स्थलांतर केले असेल आणि बुद्धिमान मानव भारतात ६५,०००वर्षांपूर्वी स्थलांतरित झाला असेल तर ७०,००० वर्षांपूर्वी भारतातील होमोनीन प्रजाती ह्या एकतर 'होमो इरेक्टस' किंवा 'होमो हिबिलीस', 'होमो एर्ग्रेस्टर' किंवा 'होमो हेडेलबरगेन्सीस' असाव्या असा पुरातत्वशास्त्रज्ञांचा कयास आहे. बुद्धिमान मानव भारतात आल्यानंतर जर या प्रजाती अस्तित्वात असतील तर त्या प्रजाती आणि बुद्धिमान मानव यांच्यात कश्याप्रकारचे सबंध असतील याचा फक्त आता अनुमानच लावता येऊ शकेल. बुद्धिमान मानव भारतात आल्यानंतर आधीपासूनच राहत असलेल्या होमोनीन प्रजाती सोबत संघर्ष झाल्यामुळे त्या प्रजाती नष्ट झाल्या असतील काय? जसे युरोपात बुद्धिमान मानव गेल्यानंतर तेथील नियांडरथल मानवाचे अस्तित्व संपुष्टात आले. अलीकडील संशोधनावरून असे सिद्ध झालेलेआहे कि अंदाजे ७४००० हजार वर्षापूर्वी इंडोनेशिया च्या सुमात्रा बेटावर टोबा ज्वालामुखीचा उद्रेक झाला.या ज्वालामुखीच्या उद्रेकातील विखुरलेल्या राखेचा तत्कालीन होमोनीन लोकसंख्येवर परिणाम झाला असावा (द इंडियन्स-बिष्णूप्रिया बसक, २०२४). या उद्रेकामुळे पसरलेल्या राखेमुळे सूर्याची किरणे पृथ्वी पर्यंत न पोहचल्या मुळे संपूर्ण पृथ्वीवर हिमयुगा सारखी परिस्थिती निर्माण झाली.आणि त्यामुळे भारतीय उपखंडा सोबतच जगातील इतर भागातून होमोनीन नाहीसे झाले. या घटनेतून वाचलेले आफ्रिके मधील थोडेच होमो सेपियंस नंतरच्या काळात जगभर विखुरले. परंतु या संकल्पनेला तळा देणारे उत्खन मध्यप्रदेशातील सोन नदीच्या खोऱ्यातील 'धाबा' या ठिकाणी झाले. २०२० मध्ये झालेल्या या उत्खननात जी सुक्ष्मास्त्रे सापडली आहेत ती ८० हजार वर्षांपूर्वीची आहेत. म्हणजे टोबा ज्वालामुखीचा उद्रेक होण्याच्या आधीची. या उत्खननात मिळालेली मोठी दगडी अस्त्रे हि ८० हजार ते ६५ हजार या कालखंडातील आहेत तर सुक्ष्मास्त्र हि ५० हजार वर्षांपूर्वीची आहेत. यावरून हे लक्षात येते कि

टोबा ज्वालामुखीच्या उद्रेकाचा येथील होमोनीन वर काहीही परिणाम न झाल्यामुळे येथील होमोनीन ८० हजार वर्षांपूर्वी पासून ते ६५ हजार वर्षापूर्वी पर्यंत तशीच अस्त्रे बनवीत राहिला. त्यामुळे टोबा ज्वालामुखी उद्रेकाचा तत्कालीन होमोनीन प्रजातींवर तितका परिणाम झाला नसावा असाही काही पुरातत्वशास्त्रज्ञानांचा दावा आहे.

बुद्धिमान मानवाने ६०००० वर्षांपूर्वी वैशिष्टयपूर्ण असे सुक्ष्मास्त्र तंत्रज्ञान ज्ञात झाल्यानंतर आफ्रिकेचा प्रदेश सोडला आणि साधारणपणे ५०००० मध्ये तो भारतीय उपखंडात आला असावा अश्या प्रकारची मांडणी मेलार्श यांनी केली आहे. तर क्लार्कसन आणि पेट्रागिला यांच्या मते ६५००० वर्षापूर्वी म्हणजे मध्य नवाश्मयुगाच्या दरम्यान बुद्धिमान मानव भारतीय उपखंडात पोहचला असावा. (द इंडियन्स -बिष्णूप्रिया बसक, २०२४).

आफ्रिकेतून बुद्धिवान मानव नेमका कधी स्थलांतरीत झाला या बाबतीत वेगवेगळे कालखंड सांगण्यात येतात.पुरातत्वशास्त्रा नुसार बुद्धिमान मानव हा भारतामध्ये किमान ६५००० वर्षापूर्वी अस्तित्वात होता.हा निष्कर्ष जीवाश्म आणि स्थलांतरित मानवाने मागे सोडलेली हत्यारे यांच्या आधारे काढलेले आहे. ऑस्ट्रेलियामध्ये ५९३०० वर्षांपूर्वी, आग्नेय आशियामध्ये किमान ६३०००वर्षांपूर्वी (क्लार्कसन, २०१७) त्यामुळे त्याआधी म्हणजे किमान ६५०००वर्षांपूर्वी तो भारतात अस्तिवात होता. कारण ऑस्ट्रेलियामध्ये जाण्याकरिता भारत नंतर आग्नेय आशिया हाच मार्ग उपलब्ध होता. (टोनी जोसेफ, २०२४).

६५ हजार वर्षांपूर्वी जेव्हा बुद्धिमान मानव भारतात आला तेव्हा त्याच्या आधीपासून इथे होमोनीन प्रजाती राहत होत्या. बुद्धिमान मानवाच्या काही टोळ्यांनी उतरेकडील वाट पकडून हिमालयाच्या पायथ्याकडील प्रदेश्यातून पश्चिमेकडून पूर्व दिशेला मार्गाक्रण केले, तर काही टोळ्या समुद्रकिनाऱ्याच्या मार्गांनी उतरे कडून दक्षिणेकडे गेल्या. कदाचित बुद्धिमान मानवाच्या टोळ्या

आफ्रिकेतून वेगवेगळ्या लाटा मध्ये येऊन इथे स्थिरस्थावर झाल्या असतील काही टोळ्या समोर आग्नेय आशिया मार्गे ऑस्ट्रेलियाला पोहचल्या असतील.

आताच्या भारतीयांच्या डी.एन.ए. मध्ये भारतातील पहिल्या बुद्धिवान मानवाची झलक?

होय आताच्या भारतीयांमध्ये, भारतात आलेल्या पहिल्या बुद्धिवान मानवाची झलक डी.एन.ए.च्या स्वरुपात बघता येते. या आधी वर्णन केल्याप्रमाणे मातृक वंशसाखळीचे उगमस्थान शोधण्याकरिता माइटोकॉन्ड्रियल डी.एन.ए.चे विश्लेषण करावे लागते. माइटोकॉन्ड्रियल डी.एन.ए थेट माते कडून संततीकडे संक्रमित होतो. जसा मातेच्या माइटोकॉन्ड्रिया मध्ये डी.एन.ए. असेल तसाच्या तसासंक्रमित होतो. त्यात पित्याचा डी.एन.ए. चेमिश्रण होत नाही. आता यामाइटोकॉन्ड्रियल डी.एन.ए.च्या क्रमवारीवर आणि त्यात झालेल्या उत्परिवर्तनवर आधारित बरेचगट तयारकरण्यात आलेले आहेत. या गटांना हप्लोग्रूप असं म्हणतात. (बघाप्रकरण ५-आफ्रिका – बुद्धिवान मानवाचं पाळणाघर). सध्या आफ्रीकेबाहेर राहत असलेल्या सर्व मानवांमध्ये माइटोकॉन्ड्रियल डीएनए चे दोन माक्रोहॅप्लोग्रुप आढळतात हॅप्लोग्रुप-M आणि हॅप्लोग्रुप-N. या दोन हॅप्लोग्रुपचा उद्गम ६०-६५ हजार वर्षापूर्वी हॅप्लोग्रुप-L-3 मधून झाला. L-3 हॅप्लोग्रुप हा आफ्रिकेमधील बुद्धिमान मानवात ७० हजार वर्षापूर्वी उद्यास आला. ७० ते ९० टक्केभारतीयांमध्ये हॅप्लोग्रुप-M हा आढळतो. म्हणजेच ७० ते ९० टक्के भारतीयांच्या मातृकवंशसाखळीचा स्त्रोत हा आफ्रिकेतून आलेल्या बुद्धिमान मानवाच्या माइटोकॉन्ड्रियल डी.एन.ए. मध्ये आहे. या नुसार भारतामध्ये आलेल्या पहिल्या बुद्धिवान मानव स्त्रिया ६० ते ६५ हजार वर्षापूर्वी भारतात आल्या असतील आणि त्यांचाचमाइटोकॉन्ड्रिया मधील डी.एन.ए. ज्याचा हप्लोग्रूप-M आहे तो आजच्या ७० ते ९०टक्के भारतीयांमध्ये टिकून आहे. (अर्ली इंडियन्स- टोनी जोसेफ १९२०)

मार्च २०२५ मध्ये मिश्रा आणि त्यांच्या सहकार्यांनी केलेल्या संशोधनानुसार उत्तर भारतीय लोकांमध्येहॅप्लोग्रुप-Mसर्वात जास्त प्रमाणात (३८.२६%) त्यानंतर हॅप्लोग्रुप-U (२५.२२%) आणि हॅप्लोग्रुप- R (९.५७%) असं प्रमाण आढळलं. भारतीयांच्या माइटोकॉन्ड्रियल डी.एन.ए.च्या हप्लोग्रूप वर झालेल्या संपूर्ण संशोधनाचे विश्लेषण एका वेगळ्या प्रकरणात करण्यात येईल.

ताजे कलम- 'सेल' या संशोधन पत्रिकेत जून २०२५ मध्ये प्रकाशित एलिश आणि इतर ३१ संशोधकांनी २७६२ भारतीयांचा 'होल जीनोम स्टडी' म्हणजेच 'संपूर्ण गुणसूत्रांचा विश्लेषण' करून जे निष्कर्ष मांडले आहेत त्यावरून आजच्या भारतीयांचे पूर्वज आफ्रिकेतून ५० हजार वर्षांपूर्वी भारतात स्थलांतरित झाले. भारतीयांच्या एकूण डी.एन.ए. पैकी १%-२% डी.एन.ए.हा निआनडरथलं मानवा तून आणि डेनिसोवन मानवातून आलेला आहे. भारतीयामध्ये प्रामुख्याने तीन प्राचीन पूर्वज गट सापडतात -१. दक्षिण आशियाई शिकार आणि अन्नसंकलन करणारे २. युरेशियाच्या गवताळ प्रदेशातील पशुपालक ३. इराण आणि मध्य आशिया मधील नवाश्मयुगातील शेतकरी. (Elise Kerdoncuffand others 2025).याबद्दलचे विस्तृत वर्णन पुढील प्रकरणात दिलेले आहेत.

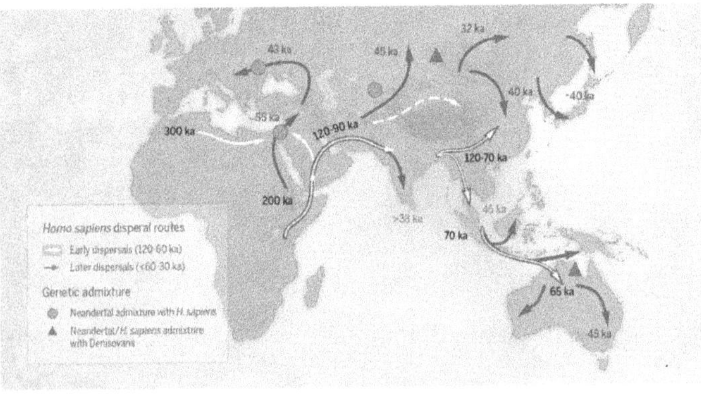

बुद्धिवान मानवाचा (होमो सेपियंस) चा आफ्रीकेबाहेर विस्तार

(सौजन्य – विकिमिडिया)

प्रकरण ७

शिकारी आणि अन्न संकलक ते कृषी विकासक

"जर शेती चुकली तर कशालाच बरोबर करण्याची संधी मिळणार नाही"
– एम.एस. स्वामिनाथन

नुकत्याच भारतीयांच्या झालेल्या संपूर्ण जीनोम संशोधनानुसार बुद्धिमान मानवने ५० हजार वर्षांपूर्वी भारतीय उपखंडात पाऊल ठेवले. त्या नंतरचे जवळपास ३० ते ४० हजार वर्षे हा बुद्धिवान मानव शिकारी आणि अन्न संकलकाच्या भूमिकेतच राहिला. साधरणता १२ हजार वर्षांपूर्वी कृषी संस्कृती उदयास आली.त्यानंतर हा भटकंती करणारा मानव एका जागेवर स्थिर झाला. ४५ हजार वर्षपूर्व ते १० हजार वर्षपूर्व हा कालखंड उतर-पुराश्मयुग म्हणून ओळखला जातो. हाच तो कालखंड आहे ज्यामध्ये बुद्धिमान मानव भारतात आल्यानंतर वेगेवेगळ्या प्रदेश्यात स्थलांतरित झाला. पुराश्मयुग किंवा अश्मयुगा तील विकासचे टप्पे आणि त्यांचा सर्वसाधारण कालखंड याचा गोषवारा आपणाला खालीलप्रमाणे मांडता येईल. (संकलीया, १९७७; ढवळीकर, २०१४; पद्य्या आणि देव २०१७)

संस्कृती	कालखंड (वर्षांपूर्वी)
आद्य पुराश्मयुगिन (अश्युलिअन-तीन टप्पे)	१५,००,००० - १,५०,०००
मध्य पुराश्मयुग	१,५०,००० - ४५,०००
उतर-पुराश्मयुग	४५,००० - १००००

मध्याश्म (अंतिम टप्पा) यानंतर येणारा कृषी-पशुपालन कालखंडाचा टप्पा/ नावाश्मयुग-कांस्य-पाषाणयुग	१००००-६०००

वरील दिलेल्या तक्त्यातील उत्तर-पुराश्म युग ते मध्याश्मयुग हे बुद्धिमान मानवाच्या भारतातील आगमना नंतरचा कालखंड असल्यामुळे या कालखंडा बद्दल अधिक विचार करायला हवा. बुद्धिवान मानवाने कृषीचा विकास १० हजार ते १२ हजार वर्षांपूर्वी केला. त्याआधी बुद्धिवान मानव हा शिकारी आणि अन्नसंकलक (हंटर अंड ग्यादरर) याच भूमिकेत होता. शिकार आणि अन्न गोळा करून उपजीविका करण्याच्या भटक्या जीवनशैलीत आणि नंतर शेतकऱ्यांच्या जीवनशैलीत बरीच तफावतआहे. शिकार आणि अन्न गोळा करून जगणाऱ्याचं जीवन कसे होते या बद्दल थामस हॉबच्या शब्दात सांगायचं म्हणजे 'वाईट, क्रूर आणि अल्पायुषी होत'.असं जगणार्यांच जीवन कष्टाचं आणि कमी आयुष्यमानाचं होत.रोज शिकार करून किंवा जंगलातून अन्न संकलन करून उदरनिर्वाह करणे सोपे नव्हते. शिकार किंवा जंगलातील फळे किंवा वनस्पती मिळेलच याची खात्री नसायची. शिकार करण्याकरिता किंवा अन्न गोळा करण्याकरिता गुहेबाहेर पडणे हे अतिशय जोखमीच काम होत. शिकारी कधी शिकार बनेल याची शाश्वतीही नसायची. शिकार आणि अन्न संकलन करण्याच्या जीवनशैलीत जितकी दाट लोकवस्ती असण्याची शक्यता होती त्यापेक्षा कितीतरी अधिक पटीने दाट लोकवस्ती कृषी क्रांतीनंतर झाली. अन्नोत्पादनामुळे बैठी जीवनशैली शक्य झाली. शेती करणारा बुद्धिमान मानव आता एका ठिकाणी स्थिर व्हायला लागला. स्थिर जीवनशैलीमुळे गाव, वस्त्या आणि नागरी जीवन विकसित झाले. अन्न फक्त खाण्या पुरतंच न पिकविता साठा होईल इतक उत्पादन होऊ लागलं. अन्नाच्या अधिक उत्पादनामुळे समाजाच एकप्रकारे वर्गीकरण झालं. शिकार आणि अन्नसंकलन करणाऱ्या समाजात श्रेणीबद्धता नसावी. कारण

सर्वांना शिकार करणे किंवा अन्नसंकलन करणे हे जगण्याच्या दृष्टीने अंत्यंत महत्वाचे होते. परंतु जस-जसे धान्य उत्पादन वाढू लागले तस-तसे शेतीचे अवजार बनविणारे, शेतकामगार, गोपालक, सैनिक, राजेरजवाडे, नोकरशहा आणि समाजातील इतर घटक निर्माण झाले. शेतीवर कर लाऊन गाव, वस्त्या आणि नगरे तयार होऊ लागली आणि कृषीवर आधारित संपूर्ण अशी अर्थव्यवस्था तयार झाली.

जेरेड डायमंड त्याच्या 'गन्स, जर्म्स अंड स्टील' या पुस्तकात लिहतो त्याप्रमाणे शेतीचा आणि पशु पाळण्याचा 'शोध' नव्हता. म्हणजे जगाच्या ज्या भागात पहिल्या लोकांनी अन्न पिकवायला सुरवात केली त्यांनी आपण अन्न पिकवाव कि शिकार आणि अन्नसंकलन करून जगावं या दोन पर्यायात जाणीवपूर्वक निवड केलेली नव्हती.कारण त्यांनी मुळात शेती म्हणजे काय असतं हे कधी पहिलेच नव्हत.परतुं शिकार आणि अन्नसंकलन पूर्णतः सोडून किंवा अंशतः शिकारी आणि अन्नसंकलक राहून शेतीवर जगणारा मानव समाज तयार होण्यासाठी काही तात्कालिक कारणे असण्याची संभावना आहे. जेरेड डायमंड याच्यानुसार बुद्धिमान मानव हा शेतीकडे वळला कारण जंगली अन्नाच्या उपलब्धेतत झालेली घट, दुसरे कारण जंगली पशूंच्या टंचाईमुळेशिकार आणिअन्न गोळा करणे पहिल्या इतके सोयीचे राहिले नव्हते. तिसरे कारण जंगली अन्न गोळा करणे, त्यावर प्रक्रिया करणे आणि साठवणे यासाठी नवे तंत्रज्ञान मानवाने शोधले.आणि चौथा कारण म्हणजे मानवी लोकसंख्यत वाढ.

मानवजातीचा अनोखा इतिहास 'सेपियन्स' या पुस्तकात लिहताना युव्हाल नोआ हरारी म्हणतो कि 'कृषीक्रांती हि इतिहासातील सर्वात मोठी फसवेगिरी आहे'.या इतिहासकारा नुसार "कृषीक्रांती होण्याच्या आधीसुद्धा भटक्या लोकांना निसर्गाची गुपिते कळली होती. जीवन सहज- सोपेपणाने जगण्याची आणि नवं युग येण्याची सूचना देणाऱ्या कृषीक्रांतीने शेतकऱ्यांचे

जीवन भटक्या लोकांपेक्षा सामान्यता: अधिक अवघड आणि कमी समाधानी केलं.... कृषीक्रांतीने अन्नसाठ्यात नक्कीच भर घातली; पण याअतिरिक्त अन्नाच् रुपांतर अधिक पोषक आहारात किंवा अधिक मोकळा वेळ उपलब्ध करून देण्यात झाला नाही. उलट यातून लोकसंख्येचा विस्फोट झाला आणि श्रेष्ठ वर्ग लाडवल्या गेला.सर्वसामान्य भटक्यापेक्षा सर्वसामान्य शेतकरी अधिक परिश्रम करीत होता आणि त्या बदल्यात त्याला अपायकारक आहार मिळत होता."

आजच्या आधुनिक युगात जेव्हा भारतातील शेतकरी आत्महत्या करतो तेव्हा हा विचार पटायला लागतो.

कृषीची सुरवात –

जागतिक पटलावर कृषीची सुरवात अगदी एकाच वेळी झाली नाही तर वेगवेगळ्या भूभागावर वेगेवेगळ्या कालखंडात स्वतंत्रपणे विकसित झाली. पुरावनस्पतीशास्त्रज्ञाच्या मते जगात पाच प्रदेश असे आहेत जिथे जंगली वनस्पती आणि पशूना माणसावळण्यात आले-१. 'फरटाइल क्रेसेंट'- (नैऋत्य आशिया) २. चीन ३. मेजोअमेरिका (दक्षिण अमेरिका आणि मध्य अमेरिका) ४. दक्षिण अमेरिकेतील अन्डीज आणि त्यालगतचा अमेझॉनचे खोरे) ५. अमेरिकेतील पूर्वेकडील राज्य

साधारण इ.स.पू. ९५०० ते इ.स.पू. ८५०० पासून आग्नेय तुर्कस्थान आणि भूमध्य सागरी प्रदेश या ठिकाणी कृषीची सुरवात झाली. मध्यपूर्व आशिया ज्यात सध्याचा इराक, सिरीया, जॉर्डन इस्रायेल, लेबनॉन, आणि इजिप्त जे कि नाईल, युफ्रेटस आणि तिग्रीस नदीच्या खोऱ्यातील भूभागात येतात या प्रदेश्याला 'फरटाइल क्रेसेंट' असं म्हणून ओळखल जातं. बार्ली, गव्हाच्या निरनिराळ्या जाती, वाटाणा, मसूर हरबरा, कांदा खजूर आणि द्राक्षे यांची जोपासना हि या 'फरटाइल क्रेसेंट' भागात करण्यात आली. सफरचंद,

डाळिंब, मुळाआणि अक्रोड याची सुरवात मध्य आशिया मध्येकेली गेली. तांदूळ, चहा, पीच, लीची सोयाबिन व लिंबू हे चीनमध्ये यांत्से नदीच्या खोऱ्यात प्रथमता पिकवल्या गेली. कसावा दक्षिणअमेझोनियात, भुईमुग अन्डीजच्या पूर्वेकडे, रताळी पश्चिम अमेझोनियात तर अननस, पीच, कोकोना आणि मिरी हि दक्षिण अमेरिकेतील उष्णकटीबंधीय प्रदेशमध्ये लावल्या गेली. खालील तक्त्यात काही पिके आणि त्यांचे मूळस्थाने दिलेली आहेत.

प्रदेश	पिकांचे प्रकार	
	तृणधान्य	अन्य डाळ वर्गीय पिक
फरटाइल क्रेसेंट	इमर आणि खपली गहू, बार्ली	वाटाणा, मसूर, हरबरा
चीन	Foxtail millet, broom corn, millet, भात	सोयाबिन, लाल चवळी, मुग
मेसो अमेरिका	मका	राजमा, वाल, स्कार्लेट रनर शेंगा
अन्डीज अमेझोनिया	किनोवा	पावटे, राजमा, शेंगदाणे
पश्चिम आफ्रिका आणि साहेल	बाजरी, पर्ल मीलेट, आफ्रीकि तांदूळ	चवळी, शेंगदाणे
भारत	(गहू, बार्ली, तांदूळ, ज्वारी बाजरी)	घेवडा, उडीद, मुग
इथोपिया	टेफ, रागी (गहू, बार्ली)	(वाटाणे, मसूर)
पूर्व अमेरिकन संघराज्य	मेग्रास, लहानबार्ली, नॉटवीड	
न्यू गिनी	ऊस	

तक्ता क्र.३ पिकांचे मूळस्थाने. कंसात अन्य ठिकाणी प्रथम लागवड केल्या गेलेल्या पिकांची नावे दिलेली आहेत. तर कंसात न लिहलेली पिकं स्थानिक ठिकाणी मानसाळवली गेली आहेत. (सौजन्य-गन्स, जर्म्स अंड स्टील, जेरेन्ड डायमंड-१९९७).

दक्षिण आशियामध्ये (भारत) शेतीची सुरवात

पृथ्वीच्या जीवसृष्टीच्या कालमापनातील सर्वात अलीकडील उपयुग म्हणजे होलोसीन युग. हिमयुग संपल्यावर ११७०० वर्षांपूर्वी म्हणजेच ई.स.पू.९७५० मध्ये हा कालखंड सुरु होतो. मानवी इतिहासाच्या दृष्टीने होलोसीन युग हे अत्यंत महत्वाचे ठरते कारण याच युगात कृषी व्यवस्था आणि त्यानंतर स्थायी स्वरूपातील वस्ती आणि नागरी जीवन उदयास आले. अलीकडच्या एका संशोधनावरून असे म्हणता येईल कि जगभरामध्ये कृषी परंपरेच्या उद्याची अथवा वनस्पती उपज परंपरेची जवळपास २४ स्वतंत्र केंद्रे आहेत. यापैकी केवळ पाच केंद्रे १.'फरटाइल क्रेसेंट'- (नैऋत्य आशिया) २. चीन ३.मेजोअमेरिका (दक्षिण अमेरिका आणि मध्य अमेरिका) ४.दक्षिण अमेरिकेतील अन्डीज आणि त्यालगतचा अमेझॉनचे खोरे) ५. अमेरिकेतील पूर्वेकडील राज्य हि होलोसीनच्या सुरवातीच्या कालखंडातील म्हणजेच ८ हजार वर्षांपूर्वीची आहेत तर तब्बल नऊ केंद्रे हि होलोसिनच्या मधल्याकाळातील (८२०० ते ४२०० वर्षे) आहेत. होलोसीन युगाच्या मधल्या टप्प्यामध्ये उदयाला आलेल्या केंद्रांपैकी तीन केंद्रे हि भारतामध्ये आढळून आलेली आहेत (डोरीयन क्यू फ्युलर-द इंडियन्स-२०२४).

भारतात गेल्या एक- दोन दशकांमध्ये मध्ये जे काही वनस्पती-पुरातत्वीय (Paleobotanical) संशोधन झाले आहे त्या व्दारे पुढील बाबी समोर आलेली आहेत अ) गंगा नदीचे खोरे, कर्नाटक व आन्ध्र प्रदेश येथील उत्तरेकडील मैदान, ओडिशा व गुजरात येथील कृषीव्यवस्थेच्या स्वतंत्र केंद्राची उगमस्थाने आता निश्चित झालेली आहेत. ब) काही स्थानिकभरड

धान्य आणि तृणधान्य यांची जोपासना भारतीय उपखंडात वेगवेगळ्या स्थानांवर वेगवेगळ्या कालखंडात केल्यागेली. क) ४००० ते ४५०० हजार वर्षांपूर्वी भारतीय उपखंडात बहुतेक भागात शिकार करणे आणि अन्न संकलन करणे या जीवनपद्धतीचा त्यागकरून कृषि व्यवस्थेच्या स्वीकार करण्यात आलेला होता.

भारतीय उपखंडात कृषीची सुरवात नेमकी कुठे झालेली आहे याबाबत चे जे पुरावे संशोधकांच्या हाती लागले त्यावरून काही स्थळाबद्दल इथे चर्चा करता येईल.

लहुरादेवा- उत्तर प्रदेशात असलेल्या संत कबीर नगर जिल्ह्यात लहुरादेवा या ठिकाणी ई.स.पूर्व ७००० म्हणजेच ९००० हजार वर्षांपूर्वी तांदुळाची लागवड केली जायची याचे पुरावे मिळाले आहेत.लहुरादेवा, कोल्डीहवा, सेनुवार आणि चीरंद या ठिकाणाहून आढळून आलेल्या मातीच्या भांड्यावरील तांदळाची टरफले आणि तांदळाचे पराग हे दाखवितात कि त्या ठिकाणी भाताचे पिक घेतले जायचे.यासोबतच या ठिकाणी विविध तृणधान्य जसे बार्ली, गहू आणि डाळवर्गीय पिके जसे मसूर, वाटणा, मुग यांचे सुद्धा अवशेष सापडतात. तसेच पाळीव प्राणी गुरे, म्हैस, शेळी, मेंढी आणि डुक्कर यांचेही पुरावे मिळतात.

मेहरगढ- हे आजच्या पाकिस्थानामधील बलुचिस्थान प्रदेशात, बोलन खिंडीच्या पायथ्यासी वसलेलं आहे. दक्षिण आशियामध्येप्राचीन काळी केल्या गेलेल्या शेतीच्या प्रयोगाचं एक उत्तम उदाहरण म्हणजे मेहरगढ. पाकिस्तानी पुरातत्वविभाग आणि फ्रेंच पुरातत्वज्ञानांचा एक गट यांनी संयुक्तपणे १९७६ मध्ये या पुरातत्वस्थळाचा शोध लावला. दक्षिणआशियामध्ये शेतीची कशी सुरवात झाली आणि तिचा प्रसार कसा होत गेला, हे अभ्यासण्याकरिता मेहरगढहे अत्यंत महत्वाचे प्राचीन स्थळ आहे. हडप्पा नागरी संस्कृतीचा पाया मेहरगढइथल्या कृषीसंस्कृतीवर आधारलेला होता. (अर्ली इंडियन्स-

टोनी जोसेफ-२०१८) साधारणपणे ९ हजार वर्षांपूर्वी इंडो-इराणी सीमेच्या पूर्वेकडून पहिले शेतकरी इथे आलेले आहेत. आपल्या सोबत येताना त्यांनी शेळ्या, मेंढ्या व गुरे आणि बार्ली, गहू जवस, मसूर आणि हरभरा यासारखी शीत हवामानाला पूरक मिश्र पिके आणली आहेत.या ठिकाणी सुरवातीला जी पिके घेतल्या गेली त्यात गव्हाच्या तीनजाती, बार्लीच्या दोन जाती आणि स्थानिक प्रजातीचा 'झेबू' हा पाळीवप्राणी यांचा समावेशहोतो.

बुर्झाहोम- काश्मीर मधील श्रीनगरच्या ईश्याण्यकडे ९६ किमी वर वसलेले आहे.इ.स.पूर्व ३००० ते इ.स.पूर्व १००० या दरम्यान नवाश्मयुगीन संस्कृतीचा या ठिकाणी विकास झालेला असताना शेतीची सुरुवात इथे बघायला मिळते. गहू बार्ली असे तृणधान्य आणि मसूर, वाटणा असे डाळवर्गीय पिके आणि शेळी आणि मेंढी हे प्राणी या संस्कृतीत पाळलेले दिसतात.सोबत इथे शिकार केलेल्याप्राण्यांची हाडे सुद्धा बघायला मिळतात जसे रानटी बोकड, जंगलीशेळ्या, जंगलीगुरे आणि कश्मीरी काळवीट.

विंध्यप्रदेश: कैमुर परंपरा- बिहार मधील सोन आणि बेसन खोऱ्यात बसलेल्या विंध्य प्रदेशात कैमुर परंपरा आढळून येते. कैमुर टेकड्यांवर सेनुवार या नवाश्युगीन ठिकाणी सुरवातीची शेती व्यवस्था बघायला मिळते.या ठिकाणी पाळीव प्राण्यांचे जसे बैल, शेळी मेंढी यांचे अवशेष आणि तांदूळ पिकाचे अवशेष सापडले आहेत.

या पुरातात्त्विक ठीकानां शिवाय पूर्व भारतात उत्कल परंपरा, उत्तर गुजरात मधीलअनार्ता परंपरा, पूर्व राजस्थान मधील मेवाड परंपरा, चंबळ आणि नर्मदा नदीच्या खोऱ्यातील माळवा परंपरा, पश्चिम दक्खन मधील दक्खनी ताम्रपाषणयुग परंपरा आणि ब्रम्हपुत्रा परंपरा या सर्वच ठिकाणी सुरवातीच्या शेतीचे अवशेष मिळतात.

प्रकरण ८

कृषी संस्कृती ते सिंधू संस्कृती

"सिंधू संस्कृतीचा 'अंत' या प्रक्रियेमध्ये ऱ्हास, पतन, परिवर्तन आणि आपत्तीया सर्वच"
अवस्था सामावलेल्या आहेत – पेट्री

बुद्धिमान मानव (होमो सेपियंस) आफ्रिकेतून भारतीय उपखंडात जवळपास ५० हजार वर्षांपूर्वी आला (एलिश केर्डोंकाफ आणि इतर जून २०२५) -साधारणतः ३५ ते ४० हजार वर्षे बुद्धिमान मानव भारतीय उपखंडात शिकार आणि अन्न संकलन करीत वेग-वेगळ्या भागात भटकंती करीत राहिला. ८ हजार ते ९ हजार वर्षांपूर्वी हा शिकारी आणि अन्न संकलक बुद्धिमान मानव प्राथमिक अवस्थेतील शेती आणि पशु पालन करू लागला. या कृषक बुद्धिमान मानवाने आता भटकंती कमी करून एके ठिकाणी वस्ती करणे सुरु केले. स्थिरावलेल्या मानवाचे आता हळूहळू जंगली जीवनाकडून नागरी जीवनाकडे रुपांतरन होऊ लागले आणि या मधूनच काही प्राचीन नागरी सभ्यता उद्यास आल्या त्यातीलच एक दक्षिण आशिया मधील सिंधू संस्कृती (Indus Valley Civilization) जी हडप्पा संस्कृती या नावानी सुद्धा ओळखली जाते. इसवी सनपूर्व २६०० ते इसवी सन १९००च्या च्या दरम्यान हडप्पा नागरी संस्कृती बहरली. ८ हजार ते ९ हजार वर्षांपूर्वी भारतातील बुद्धिमान मानवाने काही ठिकाणी प्राथमिक शेती आणि प्राणी पाळणे सुरु केले परंतु सिंधू संस्कृती सारखे नागरी जीवन तयार होण्यास अजूनही चार ते पाच हजार वर्षांचा कालखंड जाऊ द्यावा लागला.

या दरम्यानच्या कालखंडात हडप्पा पूर्व काही कृषक संस्कृती उदयास आल्या त्या पैकी एक म्हणजे मेहरगढ. हे पुरातत्वस्थळ आजच्या पाकिस्तानातील बलुचिस्थान मधील बोलन टेकड्यांच्या पायथ्यासी बसलेलं आहे. १९७६मध्ये फ्रेंच पुरातत्वशास्त्रज्ञ जा फ्रान्का जरीज आणि त्यांच्या टीमने पाकिस्तान पुरातत्व विभाग यांच्या सोबत मिळून या पुरातत्वस्थळाचे उत्खनन केले. इसवी सनपूर्व ७००० ते इसवीसन पूर्व २६०० म्हणजेच साधारणपणे ४४०० वर्षे इथे लोकवस्ती होती. हा कालखंड सिंधू संस्कृतीच्या अगदी आधीचा आहे. या स्थळावरील मिळालेल्या पुराव्यावरून तत्कालीन राहणीमानाची कल्पना करता येते. येथील उत्खननामध्ये आयताकृती अनेक खोल्या असलेली मातीच्या कच्च्या विटांची घरे आढळली.इतर काही मोठ्या खोल्यांच्या इमारती सुद्धा सापडल्या कदाचित त्या धान्याचा कोठार म्हणून उपयोगात येत असाव्यात. अनेक घरांच्या भिंती लाल रंगानी रंगवलेल्या होत्या. काही घरांमध्ये कापणीसाठी वापरले जाणारे विळे सापडले जे दगडाचे सुक्ष्मास्त्र वापरुन तयार केलेली होती. काही ठिकाणी मणी तयार करण्याचे कारखाने सापडले. इथे गारगोटी आणि संगजिरा पासून मणी तयार केले जायचे. दफानासोबत काही वस्तू पुरण्याची इथे प्रथा होती. दफनासोबत समुद्री शिंपले, खडे आणि संगजिरा पुरल्या जायच्या.माती मध्ये जव आणि गहू यांचे दाणे तसेच काही जंगली प्राण्यांची हाडे सापडली. स्थानिक जातीच्या झेबू बैलाची आणि शेळ्यांची हाडे मिळाली. आणखी एक विशेष वस्तू म्हणजे या ठिकाणावरून सुती धागा मिळाला.सुती धाग्याचा प्रथम वापर होत असल्याचा हा एक पुरावाच आहे. काही दफानासोबत दंतचिकित्सेचे पुरावे सापडले आहेत जे कदाचित सर्वात प्राचीन आहेत. मातीची भांडी सुद्धा सापडली आहेत. हि मातीची भांडी इसवीसनपूर्व ६०००वर्षांच्या सुमारास म्हणजे तिथे वसाहत बसल्यावर एक हजार वर्षांनंतर बनविण्यात आली.इथे काही मूर्ती सुद्धा सापडल्या.

एप्रिल २०२५ विज्ञान संशोधन पत्रिका 'नेचर' मध्ये प्रकाशित लेखानुसार मेहरगढ मधील दफन असलेल्या मानवी अवशेषांच्या दातांच्या एनामलचे

इतक्यात रेडीओकार्बन डेटिंग केल्या गेले.त्यावर आधारित विश्लेषना नुसार मेहरगढची कृषीसंस्कृती हि आधी सांगितल्याप्रमाणे ९ हजार ते १०हजार इतकी जुनी नसून ती इस.पुर्व५२२३ ते ४९१४ च्या दरम्यान अस्तिवात होती म्हणजे साधारणत ७ हजार वर्षांपूर्वी.

मेहरगढ येथील कृषी संस्कृती ४५०० हजार वर्षे टिकली. मेहरगढ हे तत्कालीन कृषी समाजाचे एक प्रातिनिधिक रूप असावे जे पृथ्वीच्या पोटात गडप झालं आणि२० या शतकात पुरातत्वशास्त्रज्ञानि त्याला उत्खनन करून जगासमोर आणले. याच संस्कृतीमधून पुढे पूर्ण हडप्पा नागरी संस्कृती विकसित झाली.

सिंधू संस्कृती- ६लाख ८० हजार चौ.किमीच्या परिघात पसरलेली इस.पूर्व २६०० ते इ.स.पूर्व १९०० च्या दरम्यान शहर व नगरांमध्ये परिवर्तीत झालेली दक्षिण आशियाची सर्वातप्राचीन ज्ञात संस्कृती म्हणजे सिंधू संस्कृती होय. बलुचिस्तान, सिंध, दक्षिण अफगाणीस्तान, राजस्थान गुजरात, पंजाब, उत्तर प्रदेशच्या पश्चिमेकडील भाग आणि हरयाणा या प्रदेशात ४६०० वर्षांपूर्वी बहरलेली सिंधू संस्कृती हडप्पा संस्कृतीच्या नावांनीही ओळखली जाते. १९२१ मध्ये तत्कालीन भारतातील पंजाब प्रांतात हडप्पा आणि १९२२ मध्ये मोहेनजो-दारो (दोन्ही आजच्या पाकिस्तान मध्ये) शोधल्या गेले. त्यानंतर भारतात धोलवीरा (कछ – गुजरात) आणि राखीगढी (हरयाणा) इथेही या संस्कृतीची नगरे उत्खनीत केल्या गेली. हि विशाल नागरी संस्कृती जिथे नियोजनबद्ध शहर वसवलेले होते, जिथे जलनि:सारण व्यवस्था अत्यंत सुनियोजित आणि प्रगत होती, जिथे सार्वजनिक स्नानगृहे आणि धान्याची कोठारे तयार केली गेली होती ती सिंधू आणि घाग्गर हाक्रा या नदींच्या खोऱ्यात बसलेली एक समृद्ध असी प्राचीन भारतीय संस्कृती होती.

समकालीन मेसोपोटेमिया आणि इजिप्तच्या प्राचीन संस्कृतीच्या कितीतरी समोर असलेली हि सिंधू संस्कृती अचानक तयार झालेली नव्हती.

येथील रहिवाशी तिथे अचानक आले नव्हते.ते दीर्घकाळापासून तिथेच राहत होते आणि त्यांनीच टप्प्याटप्प्यांनी हडप्पा संस्कृतीचा विकास घडवला होता. सिंधू संस्कृतीचा विकास हा मेहरगढ मधील शेती संस्कृतीनंतर जवळपास तीन हजार वर्षांच्या नंतर झाला. हडप्पा जे एक शहर म्हणून विकसित झाले इसवीसनपूर्व ३२०० मध्ये ते मेहरगढ पासून हजार किलोमीटर लांब. इतिहासकारांनी या संस्कृतीची घडण, विस्तार आणि शेवट या वर आधारित या संस्कृतीला तीन कालखंडामध्ये विभाजीत केलं आहे-

१. सुरवातीचा हडप्पा टप्पा (इसवीसनपूर्व ३३०० ते २६००) - या टप्प्यात हडप्पा सारखी शहरे विकसित झाली. रावी नदीच्या जवळपासच्या भागात हि सुरवात झाली.या सुरवातीच्या टप्प्यात चाकावर बनवलेली मातीची भांडी आणि एका विशिष्ट आकारात घडवलेल्या विटा बनवायला सुरवात झालेली होती.या सुरवातीच्या टप्प्यात टेराकोटा शैलीतील प्राणी, मानव आणि लहान मुलांच्या खेळणे बनवायला सुरवात झालेली होती. यावरून असा अंदाज बांधता येतो कि सुरवातीच्या हडप्पा टप्प्यातील शेतकरी हे शेतीतून एक चांगलं उत्पादन घेऊ लागल्यामुळे आता समाज हा बहुस्तरीय बनण्यास सुरवात झालेली होती. या समाजात आता शेती करणाऱ्यांसोबतच इतर वर्ग जसे मातीची भांडी, विटा आणि इतर शोभेच्या वस्तू बनविणारे तयार होऊ लागले होते. आता शहरांचा विस्तार मोठ्या प्रमाणता होऊ लागला होता. आता शहरांभोवती परकोट बांधणे सुरु झालेलं होत. शहरांच्या आत मध्ये जलनि:सारण व्यवस्था आणि स्वच्छता व्यवस्था अत्यंत सुनियोजित आणि आधुनिक पद्धतीची तयार करण्यात आलेली होती. घरांमध्ये पाणी भरण्यासाठी विहारीं खोदण्यात आलेल्या होत्या. या नंतर दुसरी मोठी शहरे जसे मोहेंजो-दारो हे सुनियोजित पद्धतीने इसवीसनपूर्व २६०० मध्ये सिंधू नदीच्या काठावर बसविण्यात आले. या शहरांमध्ये धान्य साठविण्यासाठी मोठी धान्य कोठारे बांधण्यातआली. या

शहरामध्ये सार्वजनिक स्नानगृहे उभारण्यात आली.या शहराच्या मध्यभागी एक तटबंदी असलेली गढी होती. हे शहराच्या मध्यभागी असुन त्यालाजाड भिंतीनी संरक्षण दिलेले होते. असा अंदाज लावला जातो कि इथे शहराचा कारभार पाहणारे किंवा उच्चभ्रू कुटुंबे राहत असावीत.

काही वास्तू ज्या सिंधू संस्कृतीच्या कुठल्याही शहरांमध्ये अजूनही सापडल्या नाहीत त्या बद्दल नोंद घ्यायला हवी. कुठल्याही जागेवर राजवाडा किंवा कुठलं प्रार्थनास्थळ (मंदिर, विहार इत्यादी) किंवा आरमार किंवा लश्करी स्थळ सापडल्याची नोंद नाही. या उलट तत्कालीन मेसोपोटेमियन संस्कृती मध्ये प्रत्येक नगरात देव – देवतांसाठी भव्य मंदिरे (झीगुरात) आणि इतर धार्मिक स्थळे बांधलेली दिसतात. या संस्कृतीमध्ये राजा, धर्मगुरू किवा पुजारी यांचं महत्व वाढवून त्यांच्या स्मरणात एखाद स्मारक बांधल्याच अजूनही सापडलं नाही.

२. परिपक्व हडप्पा टप्पा (इसवीसनपूर्व २६०० ते १९००) - सिंधू संस्कृतीची सुरवातहोऊन आता जवळपास सातशे वर्षे झालेली आहेत. आताहडप्पा संस्कृतीचा परिपक्व टप्पा सुरु झालाय. या टप्प्यात लोकसंख्या वाढली, शेतीचे उत्पादन वाढले आणि सोबतच शहरे सुद्धा वाढली आता नुकतेच तयार झालेलं सुनियोजित शहरमोहेंजो-दारो आहे. गनेरीवाला (पाकिस्तान) आणि भारतामध्ये असलेली ढोलवीरा, कालीबंगण, राखीगढी, रुपर आणि समुद्रकिनारी बसलेलं लोथल हे आहेत. असे जवळपास हजार इतकी पुरातात्त्विक स्थळे आहेत जे या टप्प्यात सिंधू नदीच्या खोऱ्यात तयार झाली. या टप्प्यात नागरी वस्त्यांमध्ये वाढ झालीय. याच शहरामधील एक शहर ज्याचा उलेख पुढे होणार तो म्हणजे राखीगढी.

राखीगढी- सध्याच्या हरयाणा राज्यात हिस्सार जिल्हातील एकपुरातात्त्विक ठिकाण. त्या काळी ३५० हेक्टर परिसरात पसरलेलं अंदाजे ५० हजार लोकसंख्येचे एक नगर. सिंधू संस्कृतीच्या इतर शहरांप्रमाणेच,

राखीगढी मध्ये ही एका टेकडीवर बांधलेली तटबंदी असलेली गढी होती आणि तिच्या सभोवताली मोठी निवासी, व्यापारी आणि कारागीरक्षेत्र होती.

या सोबतच इतर नगरे विकसित झाली. त्यात गुजरात मधील **ढोलवीरा** हा नगर होताजो वाळवंटात उभा राहिलेला शहर होता. या शहरात असी जलसंवर्धन प्रणाली होती जी कि प्राचीन जगातील पहिलीच असेल. तसेच या शहरवासियांनी पावसाचे पाणी गोळा करून ठेवण्यासाठी मोठ मोठ्या टाक्या बनविल्या होत्या. ढोलवीरा इथल्या उत्खननात एक मोठ्या आकाराचं स्टेडीयम सुद्धा सापडलेल आहे.ढोलवीरा येथे सापडलेली आणखी एक मनोरंजक गोष्ट म्हणजे, शहराच्या मुख्य प्रवेशद्वारा जवळील एका वास्तू मध्ये मिळालेली एक मोठी पाटी जी एक प्रकारचं साईनबोर्ड आहे.हि मुळची एक मोठी लाकडी पाटी होती, जी सुमारे तीन मीटर लांब होती.त्यावर जीप्सम च्या तुकड्यापासून बनवलेली दहा चिन्हे कोरलेली होती. कालांतराने हि लाकडी पाटी कुजली. परंतु चिन्हे साबूत राहिली. हिएक सार्वजनिक पाटी होती. परंतु सिंधू लिपी अजून वाचता न आल्यामुळे याचा अर्थ काय हे अजून कळलेलं नाही.सिंधू लिपीमध्ये एकूण ४०० चिन्हे आढळली आहेत. प्रत्येक चिन्ह एक शब्द दर्शवितो. अनेक विद्वानांना असे वाटते कि सिंधू लिपीचा संबध हा द्रविडी भाषेशी असावा परंतु अजूनही हि लिपी उलगडली नाही.

या टप्प्यात शेतीत सुधारना होऊन नांगरा सारख्या अवजारांचा उपयोग वाढलेला होता. तसेच गहू, बार्ली, तीळ, तांदूळ, भरड धान्य या सोबतच इतर पिके जसे कापूस, द्राक्षे, चना, वाटाणा, लहसून इत्यादी सुद्धा शेतीत पिकू लागली होती. पाळीव प्राणी बैल, गुरे, मेंढ्या आणि शेळ्या सोबतच कुत्रा हा प्राणी पाळल्या जाऊ लागला होता. दुसरे प्रदेश जसे मेसोपोटेमिया सोबत व्यापार जोमात सुरु होता. मासे, कच्चा लोकर, चांदी आणि इतर अलंकार यांची आयात आणि सोने, मौल्यवान धातू, अलंकारिक दगड, हस्तिदंत आणि इतर मौल्यवान

वस्तूंची निर्यात सुरु होती.दफानासोबत मौल्यवान वस्तूं आणि अन्न, भांडे सुद्धा पुरण्याची परंपरा स्थापित झालेली होती. स्त्रियांचे दफन करताना हातात बांगड्या सुद्धा घातलेल्या असायच्या. म्हणजेच आजच्या भारतीय स्त्रियांची बांगड्या घालण्याची परंपरा अगदी सिंधू संस्कृती पासूनची आहे.

अश्या प्रकारे हि परिपक्व सिंधू संस्कृती १.५ दशलक्ष चौरस किलोमीटर मध्ये ५० लाख लोकांच्या एका मोठ्या स्वतंत्र प्राचीन संस्कृतीच्या विराट स्वरूपात विस्तारित झाली होती हिचे उत्तरे कडील एक टोक अफगाणीस्थानातील (आताच्या) शोर्तुघाई ते दुसरेदक्षिण टोक भारतात महाराष्ट्रातील प्रवरा नदी काठील दयामाबाद होते.कुठल्याही प्रकारच्या युद्धाची चिन्हे नसल्यामुळे युद्ध न करता शांतता आणि साहचर्य या तत्वांवर उभी झालेली हि संस्कृती पुढे दुसऱ्या संस्कृतीची मातृकसंस्कृती ठरली कि दुसऱ्याच संस्कृतीमध्ये विलीन झाली याचा मागोवा डी.एन. ए. च्या अभ्यासातून घेता येतो काय पुढे बघू..

३. शेवटचा हडप्पा टप्पा (इसवीसनपूर्व १९०० ते १३००) - परिपक्व टप्प्यात आपण बघितलं किसिंधू संस्कृती इसवीसनपूर्व २६०० ते १९०० या दरम्यान कश्या प्रकारे विस्तारित झाली आणि बहरली सुद्धा. परंतु इसवीसन पूर्व १८०० पासून या संस्कृतीची उतरती कळा सुरु झाली. हे असे का झाले असेल याबाबतची कारणमीमांसा नंतर केलेली आहे. परंतु या कालखंडातील उत्खननात सापडलेल्या वस्तू आणि वास्तू या मध्ये याचा तीव्रतेणी प्रभाव दिसून येतो. जसे नगराच्या मध्यभागी उभारलेल्या गढी सभोवती आधी कारभारी किवा उच्चभ्रू रहिवास करायचे. या टप्प्यातील गढीचा उपयोग प्रामुख्यानी कुंभार आणि इतर शिल्पकार करू लागले.इतकच नव्हे तर या टप्प्यात बांधलेली घरे, सांडपाण्याची व्यवस्था, आणि नगर नियोजन यात गुणवत्तेचा सरळ ऱ्हास झालेला दिसतो. काही मोठी नगरे आणि शहरे या दरम्यान संपूर्णता: नष्ट झालेली सापडली. आता या कालखंडात काही नविन

वसाहती पूर्व दिशेला गंगा आणि यमुना नद्यांच्या खोऱ्याकडे स्थापित झालेल्या दिसत आहेत.आता उलट्या दिशेनी म्हणजे नागरी जीवनाकडून ग्रामीण जीवनाकडे लोक वाढताना दिसत आहेत. आता कलाकुसरीच्या वस्तू मध्ये जसे मातीचे भांडे, अलंकार, टेराकोटा शैलीतील शिल्प या सर्वांमध्ये एक गुणवत्तेची घसरण बघायला मिळते. हळूहळू शहरांची संख्या आणि त्यातील लोकसंख्या कमी झालेली दिसत आहे. इसवी सन पूर्व १७०० येतायेता बरीच नगरे अगदी ओसाड पडू लागली होती.आणि इसवी सन पूर्व १३०० मध्ये संपूर्ण सिंधू संस्कृती नष्ट होऊन फक्त विटांचे ढिगारे, अस्ताव्यस्त सामुग्री आणि उध्वस्त नगरे उरली होती. एका महान प्राचीन सभ्यतेचा अंत झालेला होता.

या महान सभ्यतेचा अंत का झाला यांवर इतिहासकारांची वेगवेगळी मते आहेत. काहींच्या मते पर्यावरणीय बदलांमुळे पाऊस पडणे कमी झाले. हा पूर्ण भूभाग अवर्षणप्रवण झाला. पिकांचे उत्पादन कमी झाले, दुष्काळ पडू लागले आणि पिण्याच्या पाण्याचीसुद्धा सोय कठीण झाली. मान्सूनचा पाऊस पूर्व दिशेला गंगेच्या खोर्याकडे जास्त आणि सिंधू नदी परिसरात कमी झाला. या मताला दुजोरा देणाऱ्या इतिहासकारांच्या मते कदाचित याच कारणांने नंतर च्या काळात गंगा नदीच्या खोऱ्यात शेतीचे आणि राहणाऱ्या लोकांचे प्रमाण वाढले असावे. परतू काही इतिहासकार याच्या अगदीच उलट हे मानतात कि पाऊस कमी नव्हे तर अधिक झाला असावा ज्यामुळे या भागात मोठ्या प्रमाणात पूर आले. या पुरांमुळे कालीबंगण, ढोलवीरा आणि मोहेन्जा-दारो येथील परकोट आणि मोठ्या इमारती ढासळल्या आणि रस्त्यांवर माती जमा झाली.मोहेन्जा-दारो मध्ये कमीत कमी तीन वेळा तरी पूर आले असल्याच्या निष्कर्ष आहे. नद्यांची बदलेली दिशा हा सुद्धा एक महत्वाचा कारण सांगण्यात येतो. एक अजून कारण सांगण्यात येतो तो म्हणजे आयात निर्यात आणि एकूणच व्यापारावर झालेला परिणाम. इसवि सन पूर्व २२०० मध्ये वातावरणीय बदलामुळे मेसोपोटेमिया मधील शहरांवर

संकट आले होते.या संस्कृती मध्ये अवर्षणग्रस्त परिस्थिती तयार झालेली होती. त्यामुळे या संस्कृतीसोबत असणारा व्यापार पूर्णतः मोळकडीस आला असावा. काही इतिहासकार सिंधू संस्कृतीच्या ऱ्हास होण्यास आर्यांनी केलेलं आक्रमण असेही मानतात. वेदांमधील इंद्रदेवतेला पुरंदर म्हणजेच किल्ले उद्धस्त करणारा असे वर्णीत असल्याने कदाचित आर्यांनी सिंधू संस्कृती नष्ट केली असावी असे काही इतिहासकार मानतात.

अशा प्रकारे सिंधू येथील नागर संस्कृतीच्या अस्ताचे एक गुंतागुंतीचे चित्र समोर येताना दिसते आणि या संस्कृतीचा अस्त हा अत्यंत जलद गतीने व एकसारखा अथवा संपूर्णपणे झालं नसल्याचे स्पष्ट होते.हि प्रक्रिया घडून येण्यासाठी अनेक गोष्टीं कारणीभूत ठरल्या असाव्यात.यामध्ये मानवी आणि नैसर्गिक अश्या दोन्ही कारणांचा समावेश होतो. या ठिकाणी विशेष लक्षात घेण्याजोगा मुद्दा म्हणजे सिंधू संस्कृतीवरील आक्रमणाचा सिद्धांत हा या ठिकाणी पूर्णपणे नाकारण्यात आलेला आहे आणि बहुतेक अभ्यासकांनी हि भूमिका आता मान्य केलेली आहे.

(नागरी वसाहतीमध्ये परिवर्तन व त्याचा ऱ्हास- जेनिफर बेट्स २०२४).

कोण होती सिंधू संस्कृती बसविणारे लोकं?

'सायन्स' या शोधपत्रिकेत सप्टेंबर २०१९ मध्ये एक संशोधन लेख प्रकाशित झाला. हा लेख जगभरातल्या १०७ शास्त्रज्ञानी मिळून प्रकाशित केला आहे.या संशोधन लेखाचे शीर्षक 'The Formation of Human Population in South and Central Asia' असे आहे. यात 'इन सर्च ऑफ इंडो-युरोपियन्स: लँग्वेज, अर्चिओलाजी अंड मिथ' या पुस्तकाचे लेखक आणि पुरातत्वज्ञ जेम्स मेलारी, 'द हॉर्स, द व्हील अंड द लँग्वेज: हाऊ ब्रांझ – एज रायडरस फ्रॉम दयुरेशियन स्टेपिज शेप्ड थे माडर्न वर्ल्ड' या पुस्तकाचे लेखक मानववंशशास्त्रज्ञ डेविड अन्थेनी. सोबतच पेलिओबोटानिस्ट डोरेण फुल्लर, सेंटर फॉर सेल्युलर अंड मालेक्युलर बायोलाजी या संस्थेचे

कुमारस्वामी थांगराज आणि हार्वर्ड मेडिकल स्कूलच्या जेनेटिक्स विभागाचे वाघीस नरसिंहन आणि 'हु वी आर अंड हौउ वीगॉट हियर' पुस्तकाचे लेखक आणि हार्वर्ड मेडिकल स्कूलच्या जेनेटिक्स प्रयोगशाळेचे संचालक डेविड राईच हे सुद्धा सहभागी आहेत.

हे संशोधन फार वेगळ्या प्रकारचे होते कारण यात प्राचीन अवशेषांमधील डी.एन.ए.काढून त्याचे विश्लेषण केल्या गेले होते.मध्य आशिया, दक्षिण आशिया मधील सर्वात उत्तरेकडील भाग, ज्यात इराण, तुर्केमेनिस्तान, उज्ज्बेकीस्तान, ताज्जीकीस्तान, अफगाणिस्तान, कझाकिस्तान, रशिया आणि उत्तर पाकिस्तान येथील हजारो वर्षांपूर्वी दफन केलेल्या एकून ५२३ पुरातन व्यक्तीच्या पुरातन डी.एन.ए वर अभ्यास करण्यात आला. प्राचीनकाळी आजच्या तुर्केमेनिस्तान, उज्ज्बेकीस्तान, ताज्जीकीस्तान (इसवी सनपूर्व ५६०० -१२००) या प्रदेशांना तुरान असे म्हटलं जात असे. कझाकिस्तान, आणि रशिया तील उरल पर्वताच्या पूर्वेकडचा गवताळ प्रदेश (इसवी सनपूर्व ४७९९ ते इसवी सनपूर्व १०००) आणि पाकिस्तानातील स्वात खोर (इसवी सनपूर्व १२०० ते इसवी सनपूर्व १). याठिकाणाहून प्राप्त पुराश्मचे डी.एन.ए अभ्यासल्या गेले. या अभ्यासाचे संपूर्ण निष्कर्ष या ठिकाण न देता त्याची सविस्तर चर्चा पुढील प्रकरणात करण्यात येईल.या ठिकाणी फक्त सिंधू संस्कृती मधील लोकांच्या वंशावळी बद्दल जे विश्लेषण आहेत त्याबद्दल इथे विचार करू.

या अभ्यासा मध्ये ज्या प्राचीन डी.एन.ए.चा अभ्यास केला गेला त्यात कुठेही सरळ सिंधू संस्कृतीमधून प्राप्त जीवाश्मातून काढलेले डी. एन.ए. नव्हते. तर गोणूर जे कि तुर्केमेनिस्तान येथील एक पुरातत्वीय स्थळ आणि शहर-इ-सोख्ता जे कि इराणच्या आग्नेय भागातील एक महत्वाचं पुरातत्वीय स्थळ आहे तिथून मिळालेल्या एकून ११ मानवी सांगाड्यांच्या अवषेशातून प्राचीन डी.एन.ए. काढल्या गेले होते त्यावरून सिंधू संस्कृतीच्या लोकांमधील

अनुवांशिकतेचा अंदाज बांधल्या गेला होता. यातील गोणूर इथून प्राप्त ३ सांगाडे जेइसवी सन पूर्व २५०० ते इसवी सन पूर्व २००० च्या दरम्यानचे अवशेष होते त्यातून आणि शहर-इ-सोख्ता इथून प्राप्त ८ अवशेष जे कि इसवी सन पूर्व ३३०० ते इसवी सन पूर्व २००० या काळातील अवशेष होते. हे दोन्ही स्थळइसवी सन पूर्व २३०० ते इसवी सन पूर्व १७०० दरम्यान अस्तित्वात असलेल्या 'बक्त्रीया-मार्जीयाना पुरात्वीय कॉम्प्लेक्स' या कांस्ययुग सभ्यतेचा एक भाग होती.

या ११ सांगड्यांच्या अवषेशातून प्राप्त प्राचीन डी.एन.ए. मधून जी वंशावळ बाहेर आली त्यात १.अंदमानीज शिकारी आणि अन्नसंकलक (११ते ५०%) २. इराणियन शेतकरी (५० ते ८९%).अंदमानीज शिकारी आणि अन्नसंकलक हे अनुवांशिकरित्या आफ्रिकेतून ५०००० हजार ते ६०००० हजार वर्षांपूर्वी भारतात आलेल्या बुद्धिमान मानवाच्या वंशसाखळीतील आहेत. परंतु ज्या अवशेषांमधून हेप्राचीन डी.एन.ए.वेगेळे केल्या गेले ते अवशेष हे सिंधू संस्कृतीचा भाग नव्हते. परंतु ते सिंधू संस्कृतीच्या शेजारी असणाऱ्या 'बक्त्रीया-मार्जीयाना पुरात्वीय कॉम्प्लेक्स' चे रहिवाशी होते. म्हणून मग अनुवंशशास्त्रज्ञानि या वंशावळीला नवे नाव दिले- **सिंधू संस्कृतीच्या परीघा वरील वंश.** संशोधकांनी असं मत व्यक्त केलं कि हे ११ सांगडे असणाऱ्या व्यक्ती मुळच्या सिंधू संस्कृतीमध्ये राहणाऱ्या असाव्यात आणि व्यापार किंवा दुसऱ्या काही कामानिमिताने ते गोणूर आणि शहर-इ-सोख्ता इथे स्थानांतरीत झाले असावेत. या ११ अवशेषांच्या डी.एन.ए मधे अनाटोलीयन वंशाचा डी.एन.ए. नसल्यामुळे हे ह्या व्यक्तीबक्त्रीया-मार्जीयाना पुरात्वीय कॉम्प्लेक्स च्या मूळ रहिवाशांच्या वंशातील नसाव्यात असा अंदाज बांधल्या गेला. बक्त्रीया-मार्जीयाना पुरात्वीय कॉम्प्लेक्सच्या मूळ रहिवास्यांमध्ये इराणियन वंशांच्याडी.एन.ए. सोबत अनाटोलीयन वंशाचा डी.एन.ए. आढळतो.

हि मिश्र वशावंळ तयार होण्यामागचे कारण म्हणजे इराणच्या झाग्रोस पर्वतरांगातील सुरवातीची शेती करणारे इराणी शेतकरी हे दक्षिण आशिया मध्ये इसवी सन पूर्व ५४०० ते३७०० दरम्यान स्थानांतरीत झाले असावेत. इथे राहणाऱ्या शिकारी आणि अन्नसंकलक करणाऱ्या मुळच्या रहिवाश्यांच्या संपर्कात आल्यामुळे हि नविन वंशावळ तयार झाली असावी. हे स्थानांतर एका दिशेनी म्हणजे इराण कडून दक्षिण आशियात कडे झाले असावेत परतुं दक्षिण आशिया मधून इराण कडे नाही कारण इराण मधील झाग्रोस भागातील प्राचीन शेतकऱ्यांच्या डी.एन.ए. मध्ये भारतात आलेल्या बुद्धिमान मानवाचा किंवाअंदमानीज शिकारी आणि अन्नसंकलक यांचा वंशसाखळीचा अंश नाही.

याच संशोधनात पाकिस्तानातील स्वात खोऱ्यात सापडलेल्या ८६ प्राचीन सांगड्याचा देखील डी.एन.ए विश्लेषण केल्या गेला. इसवी सन पूर्व १२०० ते ८०० या दरम्यानचे हे जीवाश्म सिंधू घाटी संस्कृती नष्ट झाल्यानंतरचे होते. सिंधू संस्कृतीचा ऱ्हास हाइसवी सन पूर्व १९०० च्या सुमारास सुरु झाला होता.त्यांनंतरसाधारण ५०० वर्षांनी म्हणजे इसवी सन पूर्व १२०० ते ८०० च्या सुमारास हे लोक स्वात खोऱ्यात राहत होते. स्वातच्या खोऱ्यातील या नमुन्यांमध्ये प्रामुख्याने इराणमधील प्राचीन शेतकऱ्यांचे आणि भारतात आलेल्या पहिल्या स्थलांतरीतांच्या वंशसाखळीचे अंश असल्यामुळे वांशिक दृष्टीने ते गोणूर आणि शहर-इ-सोख्ता इथल्या प्राचीन डी.एन.ए नमुन्यासी मिळतेजुळते होते. सोबतच स्वात घाटीच्या नमुन्यांमध्ये गवताळ प्रदेशातील कांस्ययुगाच्या मध्य आणि उतर कालखंडातल्या जनसमुहांच्या वंशसाखळीचा अंश होता.

तात्पर्य – या संशोधनातून असा निष्कर्ष निघतो कि सिंधू संस्कृतीच्या परीघा वरील वंश हा दोन प्राचीन डी.एन.ए. च्या मिश्रणातून तयार झालेला होता ते म्हणजे १.अंदमानीज शिकारी आणि अन्नसंकलक २. प्राचीन इराणियन

शेतकरी. यातील अंदमानीज शिकारी आणि अन्नसंकलक यांचा डी.एन.ए हा भारतात पहिल्यांदा ५० हजार ते ६० हजार वर्षापूर्वी आफ्रिकेतून आलेल्या बुद्धिमान मानवाच्या डी.एन.ए. हा प्रतिनिधित्व करतो.तर प्राचीन इराणियन शेतकऱ्याच्या डी.एन.ए. हा ७००० ते ८००० वर्षांपूर्वी झालेलं दुसरे स्थलांतर याच प्रतिनिधित्व करतो. आणि या दोन्ही वंशावळीच्या मिश्रणातून तयार होते ती एक प्राचीन दक्षिण भारतीय वंशावळ (Ancestral South Indians). सिंधू घाटी संस्कृती किंवा हडप्पा संस्कृती मधील लोक सुद्धा याच वंशावळीतील होते.

सिंधू संस्कृतीची पाळेमुळे शोधताना वरील संशोधनास पूरक ठरले ते त्याच वर्षी ऑक्टोबरमध्ये 'सेल' या शोधपत्रिकेत प्रकाशित 'An Ancient Harappan Genome Lacks Ancestry from Steppe pastoralists or Iranian Farmers' या संशोधनलेखा मधील पुरावे. हा शोध लेख प्रकाशित झाल्यानंतर भारतीय आणि परदेशातील पुरातत्ववैज्ञानिकांमध्ये चर्चा सुरु झाल्या. हा शोध निबंध लिहणारे प्रमुख संशोधक आणि पुण्यातील डेक्कन कॉलेज मधील पुरातत्वविभागाचे विभाग प्रमुख डॉ. वसंत शिंदे आणि त्यांच्या सहकाऱ्यांनी पत्रकार परिषद घेऊन या संशोधनाचे महत्व सांगताना आर्य हे मध्य आशिया च्या गवताळ प्रदेशातून स्थलांतरित नसून मुळचे दक्षिण आशिया किंवा भारतातीलच आहेत असं सांगून त्यावेळी एका नव्या चर्चेला तोंड फोडले होते.

मुळात या संशोधनाच महत्व या मध्ये अधिक आहे कि पुरातत्वशास्त्राच्या आजपर्यंतच्या इतिहासात पहिल्यांदा सिंधू संस्कृतीत रहिवाशी असणाऱ्या व्यक्तीच्या जीवाश्मातून डी.एन.ए.काढून त्याचे विश्लेषण केल्या गेलं. याआधी प्रकाशित झालेल्या संशोधनामध्ये (नरसिंहन आणि इतर २०१९) ज्या ११ जीवाश्मांचा डी.एन.ए. विश्लेषण केल्या गेलं होत ते सिंधू संस्कृतीच्या भौगोलिक स्थानांवर नाही तर 'बक्त्रीया-मार्जीयाना पुरात्वीय कॉम्प्लेक्स'

या सभ्यतेच्या दोन वेगवेगळ्या स्थानांमधून (गोणूर तुर्केमेनिस्तान आणि शहर-इ-सोख्ता इराण) घेण्यात आलेले होते. या ११ जीवाश्मांचा डी.एन.ए. विश्लेषण केल्यानंतर जे अनुवांशिक गट तयार झाला त्याससिंधू संस्कृतीच्या परीघा वरील वंश असं म्हटलं गेलं.

या संशोधनामधे सिंधू संस्कृती मधील 'राखीगढी' या पुरातत्वस्थळा वरून एका दफन केलेल्या महिलेच्या अवशेषातून डी.एन.ए. वेगळे केल्या गेले. राखीगढी हे हरयाणा मधील हिस्सार जिल्ह्यातील भारतातील सर्वात जुणे आणि सर्वात मोठे असे सिंधू संस्कृतीचे पुरातत्वस्थळ आहे. प्रा. वसंत शिंदे, वाघीसनरसिंहन, नीरज रॉय, डेविड राईच आणि इतर २४ संशोधकांनी अतिशय मेहनतीने राखीगढीमधील ६१अवशेषातून डी.एन.ए. गोळा केला परंतु फक्त ६११३ याक्रमांकाच्या अवशेषा मधील डी.एन.ए. अभ्यास करण्यासाठी योग्य होत. या अवशेषातून जमा केलेल्या डी.एन.ए च्या विश्लेषणातून दोन प्रकारच्याडी.एन.ए च मिश्रण मिळालं. यात पूर्वीच्या संशोधनात जसे त्या ११ जीवाश्मांचा डी.एन.ए.त १.अंदमानीज शिकारी आणि अन्नसंकलक २. इराणियन शेतकरी यांचं मिश्रण होत. परंतु राखीगढी मधील प्राचीन डी.एन.ए.या संशोधनाच्या शीर्षकात प्राचीन हडप्पा जीनोम मधे गवताळ प्रदेशातील भटके आणि इराणियन शेतकरी यांची वंशावळ नसल्याचं म्हटलं आहे. या राखीगढी मधील अवशेषांच्याडी.एन.ए मध्ये मात्र दोन वंशावळीच मिश्रण सापडल्याचं म्हटलं आहे १. अंदमानीज शिकारी आणि अन्नसंकलक (दक्षिण आशियन शिकारी आणि अन्नसंकलक) २. इराणियन सबंधित वंशावळ. या संशोधनलेखा प्रमाणेसिंधू संस्कृतीच्या लोकांमध्ये जे डी.एन.ए सापडलं त्यातील इराणियन सबंधित वंशावळ हि फार प्राचीन म्हणजेच शेतीचा विकास होण्याच्या आधीची आहे. इसवी सन पूर्व १०००० च्या आसपास मूळ इराणियन वंशावळ विभागल्या गेली त्यातील एका वंशावळीतील संतती पुढे जाऊन इराणियन शेतकरी बनले आणि दुसऱ्या इराणियन वंशावळीतील भटके, शिकारी आणि अन्न संकलक.या दुसऱ्या

इराणियन वंशावळीतील भटके, शिकारी आणि अन्न संकलकानी दक्षिण आशिया मध्ये येऊन इथल्या दक्षिण आशियन शिकारी आणिअन्नसंकलक प्राचीन लोकांसोबत प्रजनन करून नवी वंशावळ तयार केली. या वंशावळीला या लेखा मध्ये नाव दिल्या गेलंय- सिंधू संस्कृती वंशावळ. हीच वंशावळ सिंधू संस्कृतीचा ऱ्हास झाल्यानंतर प्राचीन दक्षिण भारतीय वंशावळ म्हणून सुरु राहिली.

हा शोध सिंधू संस्कृती मधील एक पुरातत्वीय स्थळ राखीगढी मधील एका ४५०० वर्षे आधी राहणाऱ्या एका स्त्रीच्या डी.एन.ए. विश्लेषणावर आधारित आहे. सिंधूसंस्कृती हि भारतात आर्य येण्याच्या आधीची म्हणजेच इसवी सन पूर्व २६०० ते सन पूर्व १९०० च्या दरम्यानची आहे. आर्य भारतात येण्याचा कालखंड हा इसवी सन पूर्व २००० ते इसवी सन पूर्व १८००० असा आहे. सिंधू संस्कृतीचा ऱ्हास झाल्यानंतर वैदिक किंवा आर्य संस्कृती उदयास आली. ज्या स्त्रीचे डी.एन.ए. विश्लेषण केल्या गेले ती स्त्री हि सिंधू संस्कृती मधील होती. गवताळ प्रदेशातील (steppe Pastoralists) भटक्यांचे डी.एन.ए. जे कि आजच्या भारतीयांमध्ये (प्राचीन उत्तर भारतीय वंशावळ ANI) सामान्यता: १०% ते ४०% सापडते ती सिंधू संस्कृतीमधील लोकांमध्ये असणे अपेक्षित नाहीच. कारण हा डी.एन.ए.सिंधू संस्कृतीच्या ऱ्हासा नंतर दक्षिण आशिया मध्ये पोहचला. R1A1 हा हप्लोग्रुप जो कि आजच्या भारतीयांच्या (विशेषतः तथाकथित उच्चवर्णीय) Y- क्रोमोसोम मधला हप्लोग्रुप आहे तो या स्त्रीच्या डी.एन.ए. मध्ये सापडणे शक्यच नाही. गवताळ प्रदेशातील (steppe pastoralists) भटक्यांचे डी.एन.ए या जीनोम मध्ये सापडले नसल्यामुळे आर्य हे भारतात स्थलांतर करून किंवा आक्रमण करून आले नाहीत तर ते इथलेच हे सांगताना मग आजच्या भारतीयांमध्ये 'युरेशिअन स्टेप्पी पस्तोरालिस्ट' कुठून आली किंवा सध्या प्राचीन उत्तर भारतीय वंशावळ (ANI) हि वंशावळ कशी तयार झाली याचा पण खुलाशा करावा लागेल. सिंधू संस्कृती वंशावळ हि सुद्धा केवळ इथे सुरवातीपासून

राहत असलेल्या (अंदामानीज शिकारी आणि अन्नसंकलक समतुल्य) यांच्या पासूनच नव्हे तर जवळपास १२ हजार वर्षांपूर्वी वेगळ्या झालेल्या इराणमधील वंशावळच्या मिश्रणातून तयार झालेली वंशावळ आहे. परंतु या वंशावळीमध्ये नंतर तयार झालेल्या इराणियन शेतकऱ्यांच्या वंशाचा अंश मात्र नाही. इराणियन शेतकरी वंश हा बऱ्याच नंतर तयार झाला आणि या वंशामध्ये मुळचे इराणियन आणि अनातोलीयनशेतकरी यांचा मिश्र वंश तयार झाला.

सिंधू संस्कृतीमधील लोकं कुठली भाषा बोलायचे?

सिंधू संस्कृती हि खूप मोठ्या विस्तीर्ण प्रदेशात पसरलेली असल्यामुळे तिथे एकच भाषा बोलली जात असावी हे शक्य वाटत नाही. तरी या सभ्येतेमध्ये ज्या कुठल्या भाषा बोलल्या जात असतील त्यांची मूळ भाषा एक असण्याची शक्यता नाकारता येत नाही. जसे अनुवांशिक दृष्ट्या सिंधू संस्कृती मधील लोक हे आफ्रिकेतून आलेल्या आणि शिकारी आणि अन्न संकलक असलेल्या प्राचीन दक्षिण भारतीय वंशावळ (ASSI) आणि झाग्रोस प्रदेशातील इराणियन यांची वंशावळ यांच्या मिश्रणातून तयार झालेले होते. म्हणजेच सिंधू संस्कृतीतील लोक एकाच अनुवांशिक स्त्रोतामधून तयार झालेले असतील तर ते बोलत असलेल्या भाषांचा स्त्रोतसुद्धा एक असू शकतो. हा स्त्रोत मग आद्य – द्रविडीयन किंवा आद्य -आष्ट्रो-आशियाटिक असू शकतो. अगदी सिंधू संस्कृतीच्या शोधापासून ते आजतागायत येथील भाषा कुठली असावी यांवर संशोधन सुरु आहेत. हडप्पा किंवा सिंधू संस्कृतीच्या भाषेबद्दल इतके रहस्य असण्याचे कारण म्हणजे येथील पुरात्तात्विक स्थळांवरून प्राप्त झालेल्या लिपीचे अजूनही वाचन करणे शक्य झालेले नाही.

ज्या भागात हडप्पा संस्कृती होत त्या प्रदेशात सध्या बोलल्या जाणाऱ्या भाषांचे प्रकार: इंडो-आर्यन (उदा. पंजाबमधील पंजाबी - सिराईकी आणि

लहंदा बोलीभाषेसह, सिंधमधील सिंधी, हिंदी, मारवाडी, ग्रेटर सिंधू दरीच्या पूर्व भागातील गुजराती); दार्दिक (उदा. शिना, खोवार, कोहिस्तानी); इराणी (उदा. ग्रेटर सिंधू दरीच्या पश्चिम भागातील बलुची, दारी, पश्तो आणि वाखी); ईशान्य अफगाणिस्तानमधील नुरिस्तानी; **द्रविडीयन; ब्राहुई** (बलुचिस्तान आणि सिंधमध्ये बोलली जाणारी); आणि उत्तर पाकिस्तानमधील चिनी सीमेवर बोलली जाणारी बुरुशास्की या भाषा बोलल्या जातात.

सध्या या बोलल्या जाणाऱ्या भाषांवरून सिंधू संस्कृतीमध्ये कोणत्या भाषा बोलल्या जात असाव्यात याबाबत काही एक सांगता येत नाही. परंतु बलुचिस्तान आणि सिंधमध्ये ब्राहुई हि द्रविडीयन भाषा अजूनही बोलली जाते हे या ठिकाणी लक्षात घेण्यासारखे आहे.सिंधू संस्कृतीमध्ये आद्य-द्रविडीयन भाषा बोलल्या जात असाव्या या बाबत बरीच संशोधन लेख प्रकाशित झालेली आहेत.

बहंत अंशुमाली मुखोपाध्य यांनी सिंधू संस्कृतीतील (IVC) लोक प्रामुख्याने प्राचीन द्रविड भाषा बोलत होते, असा निष्कर्ष काढला आहे. 'पिलू' (pīlu) हा हत्तीसाठी वापरला जाणारा शब्द, जो मेसोपोटेमिया आणि पर्शियन दस्तऐवजांमध्ये आढळतो, तो सिंधू संस्कृतीतील मूळ द्रविड शब्दातून आला आहे. हा शब्द 'दात/सुळा' (tooth/tusk) या अर्थाशी संबंधित असून, तो 'पिलू' (*Salvadora persica*) (मेशवाक) या ब्रश म्हणून वापरल्या जाणाऱ्या वनस्पतीच्या नावाशी जोडलेला आहे. अजूनही या वनस्पतीला महाराष्ट्रातसुद्धा 'पिलू नावानेच संबोधले जाते.

द्रविडी भाषांचे तज्ज्ञ फ्रान्क्लीन साऊथवर्थ आणि डॉ. डेविड अल्पीन 'साऊथ आशिया: द्रविडीयन लिंग्विस्टिक हिस्ट्री' हा शोध निंबध २०१३ साली प्रकाशित केला.त्यांनी या शोधनिबंधात प्राचीन एलामाइट भाषा प्राचीन द्रविडी भाषांना जवळची आहे असं म्हटलं होत.तसेचप्राचीन एलामाइट भाषा हिबलुचिस्तान आणि सिंधमध्ये बोलल्या जाणाऱ्या ब्राहुई या द्रविडी भाषेला जवळची आहे असा निष्कर्ष काढलेला होता.

झाग्रोस प्रदेशातून आलेले मेंढपाळ हे प्राचीन एलामाइट भाषा बोलत असतं, आणि हे इराणी मेंढपाळ आणि दक्षिण आशियात आफ्रिकेतून आलेल्या आणि शिकारी आणि अन्न संकलक यांच्यात इसवीसन पूर्व सात हजार नंतर कधीतरी अनुवांशिक मिश्रण झालेले होते. या मिश्रणातून तयार झालेल्या मिश्रवंशीय लोकांनीच हडप्पा संस्कृतीची उभारणी केली होती. डॉ. डेव्हिडमॅक-अल्पीन यांनी केलेल्या वर्गीकरणानुसार प्राचीन झाग्रोशियान हि इराणमधील प्राचीन भाषा आहे.कालांतराने याच भाषेचे विभाजन होऊन त्यातून प्राचीन एलामाइट आणि प्राचीन द्रविडीयन भाषा निर्माण झाल्या.

तात्पर्य – सिंधू संस्कृती मधील रहिवाशी हे आद्य- द्रविडीयन किंवा द्रविडीयन भाषा बोलत असावे. सिंधू संस्कृतीच्या पतना नंतर हे दक्षिणे कडे स्थलांतरित झाले असावे. असे पुरावे भाषाशास्त्रातून तसेच अनुवांशिकी शास्त्राच्या नविन संशोधनातून सापडतात.

प्रकरण १

दक्षिण भारतीय पूर्वज (ASI) आणि उत्तर भारतीय पूर्वज (ANI)

"विविधतेत एकता साधण्याची आपली क्षमता हेच आपल्या संस्कृतीचे सौंदर्य आणि कसोटी असेल" – म.गांधी

हार्वर्ड मेडिकल स्कूल मधील मानव उत्क्रांती जीवशास्त्र आणि अनुवांशिकी या दोन विषयातील जगप्रसिद्ध प्राध्यापक डेविड राईच यांनी प्राचीन डी.एन.ए. अभ्यासाच्या आधारावर एक पुस्तक लिहिले आहे –'हु वी आर अंड हाऊ वी गॉट हियर'. या पुस्तकात प्राचीनभारतीयांचे डी.एन.ए. आणि सध्याचे भारतीय यांचा डी.एन.ए. यांवर झालेल्या अभ्यासाच्या आधारे एक प्रकरण लिहिले आहे त्याचे शीर्षक- 'द कोलीजन द्याट फॉर्मड इंडिया'.-'ज्या टक्करमुळे भारत निर्माण झाला'. यामध्ये एक अतिशय रोचक असाप्रसंग राईच यांनी दिली आहे. हि घटना या ठिकाणी सांगणे या करिता महत्वाचे ठरते कारण या घटने नंतर प्राचीन डी.एन.ए. अभ्यासाच्या आधारावर जी एक नविन शाखा तयार झाली ज्याला 'प्राचीन डी.एन.ए. मानववंशशास्त्र' असं म्हटलं जाऊ लागलं त्यात डी.एन.ए वंशावळी वरून दोन नव्या शब्दांची भर पडली- 'दक्षिण भारतीय पूर्वज' (Ancestral North Indians-ASI) आणि 'उत्तर भारतीय पूर्वज' (Ancestral South Indians-ASI).

भारतीयांच्या डी.एन.ए. वर प्रयोगशाळेतील काम झाल्यानंतर त्याचे विश्लेषण करून त्यावर संशोधन लेख लिहायच्या आधी डेविड राईच आणि

त्यांचे सहकारी निक पटररसन यांची ऑक्टोबर २००८ मध्येसेंटर फॉर सेल्लुलर अंड मॉलेक्यूलर बायोलाजी, हैदराबाद चे संचालक, डॉ. लालजी सिंग आणि वैज्ञानिक डॉ.कुमारस्वामी थांगराज यांची भेट घेतली. त्या भेटी विषयी लिहताना डेविडराईच-

“ऑक्टोबर २००८ मध्ये सिंग आणि थांगराज यांच्याशी या प्रारंभिक निष्कर्षां विषयी चर्चा करण्याकरिता मी आणि माझे सहकारी निक पटरसन हैदराबादला गेलो.ते २४ तसं म्हणजे माझ्या वैज्ञानिक जीवनातील सर्वात तणावाचा काळ होता.

२८ ऑक्टोबरला झालेली आमची भेट आव्हानात्मक होती. असं वाटत होत कि या संपूर्ण संशोधनाला सिंग आणि थांगराज यांची अनुमती अजिबात नाही. आजचे भारतीय हे दोन अगदी वेगवेगळ्या वंशसाखळ्यांचा अंश असलेल्या जनसमूहाचे मिश्रण आहेत आणि त्यातला एक ‘पश्चिम युरेशियन’ आहे. हा आमच्या संशोधनाचा सारांश आम्ही भेटीपूर्वी त्यांना सादर केला होता पण त्यामध्ये पश्चिम युरेशियनलोक प्रचंड मोठ्या प्रमाणावर भारतात स्थलांतरित झाले, असा अर्थ होतो असं युक्तिवाद करत सिंग आणि थांगराज यांनी आमच्या या निष्कार्षांविषयी आक्षेप घेतला. आम्ही मिळवलेल्या माहितीमध्ये या निष्कर्षापर्यंत पोहचण्यासाठी थेट पुरावा उपलब्ध नाही, हे त्यांनी अचूकपणे दाखवूनदिले. त्यांनी असाही युक्तिवाद केला कि, भारतीयांनि अन्य दिशांनी, नियर इस्ट किंवा युरोप मध्ये स्थलांतर केलं असण्याची शक्यता आहे.. त्यांनी स्वतः केलेल्या माइटोकॉन्ड्रियल डीएनए च्या अभ्यासावरून त्यांना हे खात्री होती कि सध्याच्या भारतीयांचे पूर्वज हजारो वर्षांपासून इथे दक्षिणआशिया मध्येच राहत आहेत.त्यांना या अभ्यासाचा भाग बनायचं नव्हत.त्यांनी हे सुद्धा समजविण्याचा प्रयत्न केला कि पश्चिम युरेशिया मधून स्थलांतर झालं असं सागणे हे एक प्रकारे राजकीय विस्फोट करण्यासारखं होईल.

हळूहळू आमच्या संशोधनाचे सांस्कृतिक स्थरावर उमटणारे तरंग आमच्या लक्षात येऊ लागले, त्यामुळे आम्ही आमचा निष्कर्ष नव्यानं मांडण्याचा प्रयत्न करू लागलो, ज्यायोगे तो वैज्ञानिकदृष्ट्या निर्दोष असेल आणि त्याच वेळी सांस्कृतिक धारणांना धक्का देणारा नसेल.

दुसऱ्या दिवशी आम्ही सर्व जण पुन्हा एकदा सिंग यांच्या कार्यालयात एकत्र जमलो. एकत्र बसून आम्ही प्राचीन भारतीय समूहासाठी नवी नाव निश्चित केली. आजचे भारतीय म्हणजे 'उत्तर भारतातले पूर्वज'- (Ancestral North Indians-ANI) आणि'दक्षिण भारतातले पूर्वज' (Ancestral South Indians-ASI) अश्या दोन अगदी वेगवेगळ्या वंशसाखळीतील जनसमूहाचे मिश्रण आहे. जे हे मिश्रण व्हायच्या आधी तितकेच एकमेकांपासून वेगळे होते जितके आज युरोपीय आणि पूर्व आशियाई लोक आहेत.....**भारतातील कोणताही समूहाणे स्वतःला अनुवांशिक शुद्ध मानू नये.'**

वरीलप्रमाणे या चर्चे अंती भारतीयांना दोन वंशसाखळीमध्ये विभागून सप्टेंबर २००९ मध्ये 'नेचर' या विज्ञान विषयातील सर्वात प्रतिष्ठित शोधपत्रिकेत 'Restructuring Indian Population History' हा शीर्षक असलेला संशोधनलेख छापल्या गेला.

१. दक्षिण भारतातील प्राचीन पूर्वज (Ancient Ancestral South Indians-AASI) - हि वंशसाखळी जेव्हा बुद्धिमान मानव आफ्रिकेतून ५० हजार वर्षांपूर्वी भारतात आला त्या वेळी बनलेली आहे. या वंशसाखळीमध्ये पश्चिम युरेशिया मधील डी.एन.ए. चा अंश सापडत नाही. असं मानण्यात येते कि पहिल्या लाटेमधील बुद्धिमान मानव जेव्हा समुद्र मार्गांनी भारतात आला त्या वेळच्या पूर्वजांची हि वंशसाखळी आहे. नंतर काही आग्नेय आशिया मार्गे सुदूर ऑस्ट्रेलिया मध्ये स्थलांतरित झाले तर काही अंदमान बेटावर स्थायिक झाले. अंदमान बेटा वरील ओन्गा, जारवा आणि सेंटीनिलीज या जमाती सुद्धा या प्राचीन वंशसाखळीसी संबधित मानण्यात येतात.याच

वंशसांखळी तून दक्षिण भारतातली पूर्वज साखळी (ASI) निर्माण झाली. दक्षिण भारतातली पूर्वज साखळी (ASI) हडप्पा संस्कृतीमधील लोकांमधून तयार झाली. यात हडप्पा संस्कृतीमधील लोकं हे भारतात आफ्रिकेतून आलेले पहिले स्थलांतरित (AASI) आणि झाग्रोसच्या प्रदेशातून आलेले इराणी (१० हजार वर्षांपूर्वी) यांच्या मिश्र वंशातून अस्तित्वात आले. या पूर्वज साखळीत द्रविडी भाषा समूहातील भाषा बोलणारे जास्त प्रमाणात आहेत. तसेच सामाजिकदृष्ट्या मागासलेले वर्गांमध्ये हि पूर्वज साखळी जास्त बघायला मिळते. एकाच प्रदेशात आणि एकच भाषा बोलणाऱ्या भागात सामाजिकदृष्ट्या मागासलेले वर्गांमध्ये दक्षिण भारतातली पूर्वज साखळी (ASI) जास्त प्रमाणात आढळते तर सामाजिकदृष्ट्या तथाकथित उच्चवर्णीयामध्येउत्तर भारतातील पूर्वजसाखळी (ANI) जास्त प्रमाणात आढळते. (डेविड राईच २०१८).

दक्षिण भारतातली पूर्वज साखळी (ASI) हि हडप्पा संस्कृतीच्या पतनानंतर तयार झाली. हडप्पा संस्कृतीच्या ऱ्हासा नंतर येथील रहिवाशी दक्षिण आणि पूर्वेकडे सरकले. कालओघात या हडप्पा संस्कृतीच्या लोकांच मिश्रण हे स्थानिक दक्षिण भारतातील प्राचीन पूर्वज (AASI) यांच्याशी झालं आणि त्यातूनदक्षिण भारतातली पूर्वज साखळी (ASI) तयार झाली.हडप्पा संस्कृती मध्ये आद्य द्रविड भाषा बोलली जात असावी.म्हणजेच दक्षिण भारतातली पूर्वज साखळी (ASI) हि हडप्पा संस्कृतीमधील लोकं आणि दक्षिण भारतातील प्राचीन पूर्वज यांच्या मिश्रणातून तयार झाली.

२. उत्तर भारतातील पूर्वज - (Ancestral North Indians-ANI) - हि पूर्वज साखळी ज्या भागात इंडो- युरेशियन किंवा इंडो -आर्यनभाषा बोलल्या जातात त्या भागात जास्त प्रमाणात आढळते. हि वंशसाखळी ३९-७१% इतक्या मोठ्या प्रमाणात भारतात सापडते. हि वंशसाखळी सामाजिकदृष्ट्या तथाकथित उच्चवर्णीयांमध्ये जास्त प्रमाणात आढळते.

या वंशसांखळीमध्ये पश्चिम युरेशियन डी.एन.ए. सापडतो म्हणून हि वंशावळ मध्यपूर्वेतील आशियाई, मध्यआशिया आणि युरोपियंस यांच्यासी जास्त जवळची आहे.

आजचे भारतीय म्हणजे 'उत्तर भारतातील पूर्वज' - (Ancestral North Indians-ANI) आणि'दक्षिण भारतातील पूर्वज' (Ancestral South Indians-ASI) अश्या दोन अगदी वेगवेगळ्या वंशसाखळीतील जनसमूहाचे मिश्रण आहे. मग हे मिश्रण कधी झालं असेल ते हि जाणून घेण महत्वाचे ठरते. दक्षिण भारतातल्या पूर्वज वंशावळ मध्ये उत्तर भारतातील पूर्वज वंशावळ मिश्रित झाली याचा अर्थ असा कि या दोन पूर्वज वंशावळी मध्ये कधीतरी नातेसंबध किंवा विवाह व्हायचे. मग कधितरी 'जातसंस्था' तयार झाली आणि हे बहिर्विवाह (exogamy) बंद होऊन स्वजातीय विवाह पद्धत (endogamy) सुरु झाली.

उत्तर भारतीय पूर्वजवंशसाखळी आणि दक्षिण भारतीय पूर्वज वंशसाखळी यांचं मिश्रण कधी झालं यावर आधारितसंशोधनप्रिया मुरजानी यांच्या नेतृत्वात सप्टेंबर २०१३ मध्ये 'द अमेरिकन जर्नल ऑफ ह्युमन जेनेटिक्स' या शोधपत्रिकेत एक नविन शोधपत्र प्रकाशित केलं. या संशोधनात दक्षिण आशियातील ७३ वांशिक-भाषिक गटातील (प्रामुख्याने भारतातील ७१ आणि पाकिस्तानातील २) ५७१ व्यक्तींचं डी.एन.ए.विदा (डेटा) जमाकरून विश्लेषण केलं.या विश्लेषणातून असा निष्कर्ष निघाला कि हे मिश्रण वेगवेगळ्या वांशिक-भाषिक गटांमध्ये वेगवेगळ्या कालखंडात झालेले आहे. सरासरी १९०० ते ४२०० वर्षांपूर्वी हे मिश्रण झाले असं या संशोधनातून निष्कर्ष निघतो.

या संशोधकांनी काढलेले काही निष्कर्ष हे या ठिकाणी नमूद करणे महत्वाचे आहे – जसे इंडो-युरोपियन भाषिक गटांमधील मिश्रण हे जास्त अलीकडचे आहे (७२ पिढ्याआधीचे) आणि द्रविडभाषिक गटांमधील मिश्रण (१०८ पिढ्या आधीचे) हे जास्त जुणे आहे. काही आदिवासी

जमाती जसे भिल्ल आणि पेल्लीयार ज्या कि दुर्गम भागात राहतात त्यांच्या मध्येही हे मिश्रण झाल्याचे दिसून येते. हे अनुवांशिक निकाल अतिशय आश्चर्यकारक वाटतात जेव्हा आपण बंदिस्त असी स्वजातीय विवाह पद्धती बघतो. १९०० – ४२०० वर्षापूर्वीच्या दरम्यान झालेले हे दोन वंशसाखळी मधील मिश्रण ज्याचा मुळे खऱ्या अर्थानी आजचा भारतीय जनसमूह घडला ते मिश्रण होण कसं काय थांबल? काही धागा जुळतो काय? तर भारतातील आर्यांच आगमन हे इसवीसन पूर्व २००० ते १५००० या दरम्यान झालं असं मानण्यात येते. वैदिक संस्कृतीमधील पहिला वेद म्हणजे ऋग्वेद इसवीसन पूर्व १५०० ते १००० या दरम्यान लिहिल्या गेला. ऋग्वेद मधील जुन्या भागात वर्ण व्यवस्थेचा उलेख सापडत नाही परंतु नंतरच्या भागात मात्र वर्ण व्यवस्था दिसते. त्यानंतर च्या ग्रथांमध्ये जसे मनुस्मृती जी किइसवीसन पूर्व २ ते इसवीसन ३ या दरम्यान लिहिल्या गेली तिथूनवर्ण व्यवस्था आणि जातीप्रथा अधिक प्रभावी झालेली दिसते. भारतीयांमध्ये दोन प्राचीन वंशसाखळी मधील होणारेअनुवांशिक मिश्रण थाबण्यांचा कालखंड आणि मनुस्मृतीच्या निर्मितीचा निर्मितीचा कालखंड कसा बरा जुळत असेल?....

प्रकरण १०

आर्यांचे आगमन

“आपण भारतीयांचे खूप ऋणी आहोत, ज्यांनी आपल्याला मोजायला (गणित) शिकवले, ज्याशिवाय कोणतीही मौल्यवान वैज्ञानिक शोध लावला गेला नसता.” – अल्बर्ट आइन्स्टीन

भारतातचं नव्हे तर संपूर्ण जगात इतिहासातील सर्वात गूढ आणि सर्वाधिक वादाचे मुद्दे कुठले ठरले असतील तर ते म्हणजे ‘आर्य कोण होते?’, ‘आर्य मुळचे कुठले होते?’ ‘आर्यांनी स्थलांतर केलं की आक्रमण?’ ‘आर्य बाहेरून आले कि आर्य भारतीय भूमीतून बाहेर गेले?’ या प्रश्नांची उकल मानववंशशास्त्रज्ञ, भाषाशात्रज्ञ, पुरातत्वशास्त्रज्ञ आणि इतिहासकार वेगवेगळ्या पद्धतीने करण्याचा प्रयत्न गेली दोनेशे वर्षे करित आहेत. परंतु आता या सर्व अभ्यास पद्धतीच्या सोबत विज्ञानाच्या एका अत्याधुनिक शाखेने सोबत यायचं ठरवलं आहे आणि ती शाखा म्हणजे ‘मोलेक्युलर बायोलाजी’. या अत्याधुनिक जीवविज्ञान शाखेत ‘डी.एन.ए’. हे असे जैवरसायन हाती लागले आहे कि याचा उपयोग करून हजारो पिढ्या मागे जाऊन इतिहासात आपले पूर्वज कोण होते? याच मागोवा घेता येतो. आता अगदी प्राचीन अवशेषांमधील डी.एन.ए वेगळा करून त्याची क्रमवारी आणि विश्लेषण करून प्राचीन लोकं कुठे राहायचे आणि नंतर ते कुठे स्थलांतरित झाले या बाबतीचे निष्कर्ष काढल्या जातात. सोबतच सध्या अस्तिवात असणाऱ्या जनसमुहातील डी.एन.ए.चे विश्लेषण करून त्यांच्या डी.एन.ए मध्ये कोणते हप्लोग्रुप सापडतात त्यावरून त्यांचे पूर्वज कुठून कुठे

आणि केव्हा स्थलांतरित झाले याचे अनुमान काढणे सोपे झाले आहे. या अत्याधुनिक शाखेचा उपयोग करून जे निष्कर्ष काढले गेले त्यांच्या बद्दल साधकबाधक चर्चा करण्या आधी आर्यांच्या मुद्द्यावर जे मानववंशशास्त्रज्ञ, भाषाशात्रज्ञ, पुरातत्वशास्त्रज्ञ आणि इतिहासकारांनी विवेचन केलेले आहे त्याबद्दल जाणून घेऊ.

'आर्य' म्हणजे कोण..?

आर्य कुठून आले होते? हे समजण्यासाठी आर्य म्हणजे नेमके कोण? हे जाणून घेणे महत्वाचे आहे. आज आपल्याला आर्य इंडो-युरोपियन या भाषाकुलातील भाषा बोलणारे प्राचीन लोक असा एक सरसकट अर्थ काढता येतो. परंतु आर्य म्हणजे एक श्रेष्ठ वंश असा गैरसमज बऱ्याच लोकांमध्ये इतिहासात होता आणि वर्तमानात सुद्धा टिकुन आहे.

आर्य या शब्दाची उत्पती जगातील दोन प्राचीन इंडो-युरोपियन भाषांमधून झालेली दिसते. संस्कृत भाषेतील सर्वात प्राचीन ग्रंथ ऋग्वेद या मध्ये हा शब्द सर्वप्रथम आलेला दिसतो. तसेच प्राचीन झोरोस्ट्रीअन धर्मातील 'अवेस्ता' धर्मग्रंथामध्ये "अरिया" हा शब्द सापडतो. या दोन्ही प्राचीन ग्रंथा मधे आर्य हा शब्द वांशिकतेच्या अर्थानी आलेला नाही. पर्शियन राजा दारियस (इसवी. सनपूर्व ५१९) ने त्याच्या एका शिलालेखात लिहिले आहे कि 'मी आर्य मध्ये लिहिणारा पहिला आहे'. भारतातील प्राचीन ग्रंथामध्ये 'आर्य' एखाद्या प्रतिष्ठीत व्यक्तीला करावयाचे संबोधन होते. भारतातील बौद्ध आणि जैन धर्मामधेही आर्य शब्द 'महान' या अर्थाने संबोधिला जातो. बौद्ध साहित्यात आर्य हा शब्द बऱ्याच वेळा येतो जसे-चार आर्यसत्य, '**आर्य** अष्टांगिक मार्ग', 'आर्यसत्य' इत्यादी.

परंतु एकोणिसाव्या शतकात **'आर्य'** या शब्दाला वेगळे वलय तयार झाले. या शब्दाची मोडतोड करून त्याला वंशदर्शक बनविण्यात आले. आर्य

भारतीय इतिहासाचा पाया आणि केंद्रबिंदू म्हणून उदयास आले. वर्णश्रेष्टतावादी परंपरेने वेदांना दिलेल्या प्राधान्याने आर्य ओळखीला प्रोत्साहन मिळाले, त्यामुळे भारतीय संस्कृतीवर कार्य करणाऱ्या युरोपिअन विद्वानांनि युरोप मधेही आर्य या शब्दाला वंशश्रेष्ठत्व प्राप्त करून दिले. (रोमिला थापर-व्हीच ऑफ अस आर आर्यन? – २०१९)

आर्य म्हणजे 'आर्य' भाषा बोलणारे

चारशे वर्षांपूर्वी फिलिपो सासेटी नावाचा फ्लारेंस शहरातील एक इटालियन व्यापारी भारतात व्यापारा साठी १५८४ मध्ये आला. तो काही काळ गोव्यात राहिला. व्यापार करीत असताना तेथील एका पंडिता कडून थोडेफार संस्कृत शिकला. त्यातील अनेक शब्द त्याला येत असलेल्या लॅटिन – ग्रीक भाषेतल्या शब्दासारखे वाटले. इटलीला परत गेल्यावर त्याते तिथल्या लोकांना हे सांगितले परतू त्याकळे कोणी फारसे लक्ष दिले नाही. या विषयांवर पुढे अभ्यास सुरु झाला तो दोनशे वर्षांनी. (आर्यांच्या शोधात – म.के.ढवळीकर-२००८)

ईस्ट इंडिया कंपनी भारतात आल्यानंतर कम्पनीच्या अधिकाऱ्यांनी भारताचा प्राचीन इतिहास शोधण्यास, समजण्यास आणि लिहण्यास सुरवात केली.या मागे प्रामुख्यानी दोन उद्देश होते एकतर ज्यांच्यावर राज्य करायचे आहे त्यांचा इतिहास जाणून घेणे जेणे करून राज्यकारभार सुरळीतपणे चालवता येईल. दुसरा हेतू म्हणजे त्यांच्या दृष्टीने परक्या असणाऱ्या संस्कृतीबद्दल माहिती जाणून घेण्याची जिज्ञासा.१७५२ मध्ये विल्यम जोन्स नावाच्या एका ब्रिटीश विद्वानाची कलकत्ता उच्च न्यायालयात न्यायाधीस म्हणून नेमणूक झाली. त्याला भारताचा इतिहास, संस्कृती आणि भाषा यात आवड निर्माण झाली.त्याने १७८४ मध्ये कलकत्यातआशियाटीक सोसायटी ची स्थापना केली.भारताचा इतिहास, संस्कृती आणि भाषा विषयांचा अभ्यास आणि संशोधन हे आशियाटीक सोसायटी चे मुख्य उद्देश

होते. विल्यम जोन्स यांनी संस्कृत भाषेतील साहित्य वाचन आणि त्यावर संशोधन करणे सुरु केले.त्याने १७८९ मध्ये कालीदासाच्या ' शकुंतला' चे इंग्रजी भाषांतर केले.विल्यम जोन्स संस्कृतच्या सौंदर्याने भारावून गेला. १७८६ मध्ये आशियाटीक सोसायटी ला दिलेल्या व्याख्यानात तो म्हणतो

"संस्कृत भाषा प्राचीन असुन ती सुबक बांधणीची आहे. ग्रीक हून ती अधिक समृद्ध आहे व लॅटिनपेक्षा प्रवाही आहे; शिवाय दोन्हीहून अधिक संस्कारित आहे. परंतु त्यांच्याशी तिचे सबंध आहेत.तिची क्रियापदे व व्याकरण यावरून तिचे या भाषासी असलेले अनुबंध स्पष्ट होतात. हा केवळ अपघात म्हणता येणार नाही.हे ध्यानात घेता कुणीही भाषाशास्त्रज्ञाला हे जाणवेल कि, या तीनही भाषांचा मूळ एकच असावा परंतु तो आज उपलब्ध नाही. गोथिक आणि सेल्टिक भाषाबाबतहि तेच म्हणता येईल.त्यांचेही मूळ संस्कृतसी निगडीत आहे आणि पर्शियन भाषाहि त्याच कुळातील आहे."

विल्यम जोन्सचे मत तत्कालीन भाषा तज्ञांनी मान्य केलं. संस्कृत- लॅटिन- ग्रीक – पर्शियन इत्यादी भाषा भगिनींना थॉमस यंग या विद्वानाने १८१३ मध्ये **इंडो-युरोपीयन** असे नाव दिले.

इंडो-युरोपीयन या भाषा कुळात कोणत्या भाषा येतात आणि कोणत्या येत नाहीत हे तुलनात्मक व्याकरण, ध्वनी व्यवस्था, आणि वाक्यरचना या वर आधारित ठरवल्या गेले. इंडो-युरोपीयन भाषाकुळाची १२ प्रमुख शाखांमध्ये विभागणी केल्या गेली. इंडो-युरोपीयन या भाषांच्या या १२ शाखांमध्ये युरोपमधील बहुतेक भाषांचा (बास्क, फिनिश, एस्तोनियन इत्यादी वगळून) तसेच इराणची पर्शियनभाषा, संस्कृत भाषा आणि तिच्या अनेक आधुनिक अपत्यभाषा (बंगाली, गुजराती, हिंदी, कश्मीरी, मराठी, पंजाबी आणि सिंधी) आणि मृत भाषा हिताहित (अनातोलिया-आधुनिक तुर्की) आणि तोकारीयन (शिजीयांग, वायव्य चीन) यांचाही समावेश होतो.आधुनिक इंग्रजी, फ्रेंच, इटालियन, जर्मन इत्यादी जर्मनीक शाखेत समाविष्ट केले आहे.**प्रोटो-इंडो**

– **युरोपियन** या नावानी या सर्व भाषा कुळाची जननी भाषा किंवा आद्य भाषा म्हणून सुचविण्यात आली आहे. प्रोटो - इंडो – युरोपियन हि एकप्रकारे मृत भाषा असुन ती कुठेही लिखाण स्वरुपात किंवा शिलालेख स्वरुपात आढळली नाही. परंतु असे मानले जाते कि ४५०० हजार वर्षांपूर्वी कुठेतरी बोलली जात असावी. आणि हे प्रोटो-इंडो – युरोपियन भाषिक जगात वेगवेगळ्या भागात स्थलांतरित झाले असावे. हेस्थलांतरित जिथेतिथे गेले तिथे ती भाषा नव्या स्वरुपात घेऊन गेले. जसे भारतात संस्कृतच्या रुपात, युरोप मध्ये लॅटिन च्या स्वरुपात इराण आणि जवळच्या प्रदेशात पर्शियन च्या स्वरुपात आणि प्राचीन तुर्की मध्ये हिताहित च्या स्वरुपात. हजारो वर्षांत या भाषांमध्ये बद्दल होत गेले परंतु यातील बरेच शब्द मूळ स्वरुपात किंवा थोड्या फार फरकाने त्याच ध्वनीचे राहून गेले.

भाषाशास्त्राने नामशेष झालेल्या भाषांचे काही भाग पुर्नरचना करण्याची क्षमताही दिली आहे. मानवी मुखातील ध्वनी बदलांच्या नियमित्तेवर आधारित काही शब्द पुर्निर्मित करून नामशेष झालेल्या भाषा पुन्हा तयार करण्याचे प्रयत्न केले आहेत. भाषा शास्त्राज्ञानि प्रोटो – इंडो – युरोपिअन भाषेतील १५०० हून अधिक मुळे (रूट्स) पुर्निर्मित केली आहेत.

इंडो-युरोपीयन भाषा शास्त्राच्या सुरवातीच्या काळात असा एक सर्व साधारण समाज होता कि संस्कृत हि प्रोटो – इंडो-युरोपीय भाषेसमान अथवा तिच्या अत्यंत निकटची असावी.पर्यायाने प्रोटो – इंडो-युरोपीय भाषेचे उगमस्थान हे भारत किंवा भारताच्या आसपासचे प्रदेश असावे.परंतु काळाच्या ओघात हे सुस्पष्ट झालेले आहे कि संस्कृत (आणि इंडो – इराणी) भाषा हि ग्रीक आणि लॅटिन प्रमाणेच एका मूळ भाषेपासून उत्पन झालेली आहे.

प्राचीन संस्कृत साहित्य

ग्रीक आणि हिताईत या इंडो-युरोपीय कुलातीत इतर दोन प्राचीन भाषा बाबतचे लिखित स्वरूपातील पुरावे इसवी सन पूर्व १६ व १७ व्या

शतकादरम्यान सापडतात.याच कुला तील संस्कृत या प्राचीन भाषेतील ग्रंथाची रचना संपादन आणि हस्तांतरण हे मुखत्वे मौखिक परंपरेतून झालेले असल्यामुळे या बाबतच्या तारखा मात्र अनुमानाने ठरवाव्या लागतात. संस्कृत भाषेतील पाहीला वेद ऋग्वेद हा इसवीसन पूर्व १५०० दरम्यान लिहिला गेला (रोमिला थापर-२०१९) त्याच्या दोन शतकानंतर इतर वेद लिहल्या गेली. वेद्रिर्मितीच्या या कालखंडाला काही विद्वान विरोध करतात. त्यांच्या मते ऋग्वेद हा इसवीसन पूर्व ३००० च्या आसपास किंवा आधी लिहल्या गेला. प्राचीन वैदिक ग्रंथ हे संहिता स्वरुपात असुन या पैकीऋग्वेद हि सर्वात प्राचीन संहिता मानली जाते. संहिते नंतर दुसरा भाग जो येतो त्याला ब्राम्हणग्रंथ म्हणतात. हे ब्राम्हण ग्रंथ इसवीसन पूर्व१०००-७०० दरम्यान लिहिले गेले. ब्राम्हणग्रंथा नंतर अरण्यके आणि उपनिषदे लिहिल्या गेली. हि साधारणता इसवीसन पूर्व ७००-५०० दरम्यान लिहली गेली.

आर्यांचे वांशिक श्रेष्ठत्व एक अवैज्ञानिक धारणा-

इंडो-युरोपियन भाषा बोलणारे ते 'आर्य' अशी भाषाशास्त्राज्ञानि केलेली व्याख्या स्वीकारून त्याला वांशिक श्रेष्ठत्व प्रदान केले ते जर्मन आणि फ्रेंचांनी. एकोणिसावे शतकाच्या पूर्वाधार्त मानवी शरीराचा रंग, शरीरयष्टी, डोळ्यांचा रंग आणि बोलली जाणारी भाषा याला आधार मानून 'वंश' या अवैद्यानिक संकल्पनेची रचना केल्या गेली. हि वंश संकल्पना जीवाशास्त्रावर आधारित असल्याचे भासवून लोकांना भडकावल्या गेलं. सोबतच 'वंशश्रेष्ठत्व' आणि 'शुद्ध रक्त' असे छद्मवैद्यानिक शब्द वापरून प्राचीन भारतामध्ये 'जात' आणि आधुनिक युरोप मध्ये 'वंश' या वर आधारित मानवी समाजाचे वर्गीकरण केल्या गेले. युरोपात'वंशश्रेष्ठत्व'आणि 'शुद्ध रक्त' याची पायाभरणी झाली ती आर्थर डी गोबिन्यू या फ्रेंच उम्रावाच्या लिखाणाने. १८५३ मध्ये 'ऐसे आन द इनइक्वालिटी ऑफ ह्युमन रेसस' या पुस्तकाचे त्यांनी चार खंड लिहिले. त्यात त्यांनी युक्तिवाद केला कि सर्व सर्व प्राचीन संस्कृतीसाठी श्वेत

वंश जवाबदार आहे आणि श्वेत वंशांचे जेव्हा इतर वंशासोबत आंतर प्रजनन होते तेव्हा त्या संस्कृतीचा ऱ्हासहोतो.इंडो- युरोपियन भाषा बोलणार्यांपैकी फक्त जर्मनीक वंश शुद्ध राहिला. असे वांशिक अर्थ आर्य या संकल्पनेला लावण्यात आले.

१८५० च्या दरम्यान मॅक्स मुलर (Max Müller) जे एक जर्मन भाषातज्ञ, संस्कृतचे अभ्यासक आणि प्राच्यविद्या पंडित होते. त्यांनी इंडो-युरोपियन भाषिका करिता एक नवीच थेअरी दिली. त्याचा मते आर्यांचे दोन वंश होते. एक जो कॉकेशस पर्वताकडून पश्चिम दिशेन युरोपात गेला आणि दुसरा जो पूर्व दिशेनी भारतामध्ये गेला. याच मॅक्स मुलर नि ऋग्वेद निर्मितीचा कालखंड हा इसविसन पूर्व १२०० ते १००० असं असल्याचे म्हटलं होते.

याच युक्तीवादामुळे जर्मनीच्या नाझी पक्षाची पायाभरणी झाली. हिटलर स्वतःला आर्य वंशाचा मानु लागला. त्यांनी आपल्या नाझी पक्षाचे चिन्ह म्हणूनही स्वस्तिक निवडले. यहुदी, जिप्सी आणि स्लाव यांच्या मिश्रणातून संस्कृतीची अधोगती होते हे मान्य करून हिटलरने दुसऱ्या विश्वयुद्धात हजारो यहुदिंचा छळ छावण्यांमध्ये जीव घेतला.

आर्य स्थलांतरित की मुळचे इथलेच?

आता सर्व भाषाशास्त्रज्ञानि मान्य केलं आहे कि इंडो – युरोपियन भाषाकुळ हि मुळात आद्य-इंडो – युरोपियन (प्रोटो-इंडो- युरोपियन) मधून तयार झालेली एक शाखा आहे. आद्य-इंडो – युरोपियन भाषा आज जगात अस्तिवात नाही परतुं साधारणता ४५०० वर्षांपूर्वी ती जगाच्या एका भागात बोलली जात होती. या भाषेची उत्पती कुठे तरी एका ठिकाणी झाली आणि नंतर हि भाषा जगातील वेगवेगळ्या भागात पसरली. म्हणजेच या भाषेला एक मातृभूमी होती. सुरवातीला भाषाशास्त्रज्ञाना असे वाटले कि संस्कृत

हीच या सर्व इंडो-युरोपियन भाषांची जननी असावी. परंतु नंतर हे स्पष्ट झाले कि लॅटिन किंवा ग्रीकया संस्कृतच्या भाषा भगिनी आहेत ना कि अपत्य. आणि मग या आद्य-इंडो – युरोपियन भाषेची मातृभूमी शोधणे सुरु झालं. या संदर्भात दोन थेअरी समोर आल्या. एका थेअरी नुसार आद्य-इंडो – युरोपियन भाषेचे उगमस्थान हे इसविसन पूर्व ४००० मधीलपोंटिक कॅस्पियन स्टेप्पे आहे (अन्थेनी आणि रिंगे २०१५). दुसऱ्या एका थेअरी नुसार हि आद्य भाषा ९००० वर्षांपूर्वी अनातोलिया या भागात उत्पन झाली.

ही भाषा बोलणारे एका भागातून दुसऱ्या भागातून स्थलांतरित झाले त्यामुळेच त्यांच्या सोबत हि भाषाहि गेली.साधारणतह चार साडेचार हजार वर्षांपूर्वी आजच्यासारख्या भूभागाला विभाजित करणाऱ्या देशाच्या किंवा प्रदेशाच्या सीमाच नव्हत्या. बुद्धिमान मानवाने कृषीची सुरवात करून पाच ते सहा हजार वर्षे निघून गेली होती. यादरम्यान काही भागात जसे मेसोपोटेमिया, इजिप्त, चीन आणि दक्षिण आशिया (सिंधू) मध्ये नागरी संस्कृतींचा विकास झालेला होता. परंतु अजूनही बहुसंख्य भागात ग्रामीण कृषी संस्कृती, भटके पशुपालक आणि काही भागात शिकारी आणि अन्न संकलक लहान मोठ्या टोळ्या स्वरुपात रहात होते.असेच काही भटके पशुपालक भारतात तीन ते साडे तीन हजार वर्षांपूर्वी वायव्य दिशेनी भारतात आले. येतांना या पशुपालकानी आपली भाषा आणि संस्कृती सोबत आणली. सोबतच काही संहिता आणि पूजापाठ आणि इतर चालीरिती सोबत आणल्या. चारवेद आणि इतर वैदिक ग्रंथसंपदा तयार केली आणि एक नवी वैदिक संस्कृती स्थापित केली. सोबत यज्ञ संस्कृती, अश्व आणि रथ आणले. वैदिक देव देवता जसे इंद्र, वरुण, अग्नी सोबत आणले. या देवदेवता आर्यांनी आपल्या सोबत आणल्या याचा पुरावा एका शिलालेखात सापडतो.ह्युगो विन्कलर या जर्मन पुरातत्त्वशास्त्रज्ञानाला तो करीत असलेल्या बोघाजाकोई (तुर्कस्थान) येथील उत्खननात एक मोठा शिलालेख सापडला. त्यात तेथील हिताईत आणि मिटाणी या

दोन टोळ्यातील तहाच्या अटीनोंदवून ठेवल्या होत्या.त्याच्या सुरवातीस त्यांनी त्यांच्या देवतांना आवाहन केलेलं होते. त्याची इंद्र, वरुण, मित्र आणि नासत्य असी नवे होती. याच देवांची नावे ऋग्वेदातहि सापडतात. या शिलालेखाचा काळ इसवीसन पूर्व १३६० असा निश्चित केला गेला आहे. लेख्याच्या पुराव्यावरून इंडो-युरोपियन (हिताहित आणिमिटाणी दोन्ही) बोलणारे लोक इसवीसन पूर्व चौदाव्या शतकात तुर्कस्तान इथे होते असा तर्क लावता येतो. (मधुकर केशव ढवळीकर – आर्यांच्या शोधात – २००८).

इंडो युरोपियन भाषिकांनी भारतात आल्यानंतर येथील मूळ रहिवाशी द्रविडभाषिकां वर आक्रमण करून त्यांचे किल्ले फोडले (पुरंदर). त्यांना दास (दस्यू) बनवले.त्यांनीच हडप्पा संस्कृतीचा विनाश केला अशा प्रकारची मांडणी आर्य आक्रमण सिद्धांत (Arya Invasion Theory-AIT) दिल्या गेली. नंतर मात्र आर्यांनी अश्या प्रकारे आक्रमण केल्याचे किंवा किल्ले तोडल्याचे कुठेही पुरावे प्राप्त झाले नाहीत त्यामुळे आर्य आक्रमण सिद्धांताला आता आर्य स्थलांतर सिद्धांत (Arya Migration theory-MIT) असं म्हटल्या जाऊ लागलं.

आर्य आक्रमण सिद्धांत ज्या पुराव्यांच्या आधारावर दिला गेला त्यातील काही बाबत या ठिकाणी चर्चा करता येईल. आर्यांच्या समस्येतील सर्वात महत्वाचा आणि वादग्रस्त विषय म्हणजे घोडा.त्यावर विद्वानांमध्ये आरोप – प्रत्यारोप होत राहतात.ऋग्वेदातील आर्यांचा सर्वात आवडता प्राणी म्हणजे घोडा. त्याचा सर्वाधिक उल्लेख (२१५ वेळा) आहे. त्यानंतर गाय (१७६) आणि बैल (१७०). सिंधू संस्कृतीच्या स्थळांच्या उत्खननात घोड्याची हाडे न आढळून आल्यामुळेती संस्कृती आर्यांची नव्हती असे सिध्द केली गेले (मधुकर केशव ढवळीकर – आर्यांच्या शोधात – २००८). घोड्याचे जंगली पूर्वज (*Equus ferus*) भारतात सापडत नाहीत.भारतात फक्त घोड्याचे लांबचे जंगली नातेवाईक कच्छच्या वाळवंटात आढळतात ते म्हणजे खुर

किंवा घोड्खुर (*Equus hemionus*). भारतात घोड्यांचे जंगली पूर्वज नसल्यामुळे भारतात पाळीव घोडे बाहेरून आणल्या गेले.

परंतु भारतीय पुरातत्वशास्त्रज्ञ डॉ. बी.बी.लाल जे आर्य आक्रमण सिद्धांताचे विरोधक आहेत त्यांच्या नुसार हडप्पाच्या उत्खननात लोथल या जागेवर घोड्याचे एक टेराकोटा शिल्प आढळले होते. त्याच प्रकारे गुजरात मधील सुरकोताडा या हडप्पा जागेवर घोड्याचे एक हाड सापडले होते. डॉ. बी.बी.लाल यांच्या मते सिंधू संस्कृती हीच वैदिक आर्यांची संस्कृती होय.

घोड्याला संस्कृत मध्ये 'अश्व' हा शब्द आहे.अश्व आणि अवेस्तामधील 'अस्प' हे जवळजवळ एकच आहेत. लॅटिन शब्द 'इक्वस' हा संस्कृत अश्वपासून बनलेला आहे. दुसरा एक महत्वाचा मुद्दा म्हणजेसिंधू संस्कृतीमध्ये जे खेळणे आढळले त्यात कुठेही घोडा नाही उलटं बैल जुम्पेलेली बैलबंडीचे खेळणे उत्खननात सापडले.

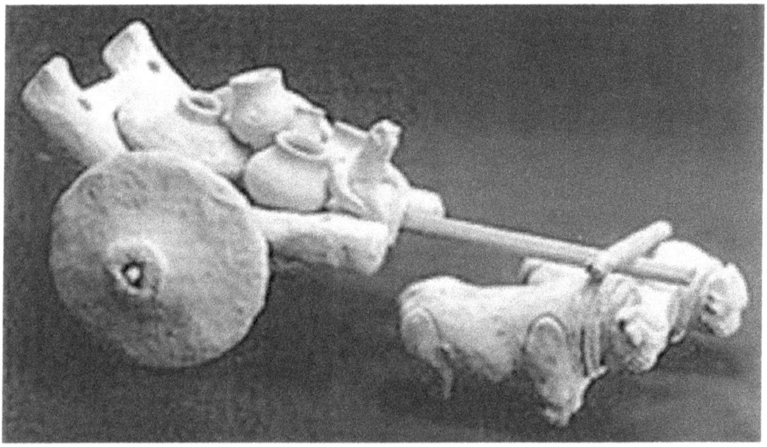

हडप्पा संस्कृतीमधील खेळणी

आर्य संस्कृतीचे आणखी एक वैशिष्टयपूर्ण योगदान म्हणजे 'रथ'. आर्य रथाचा उपयोग युद्धात करीत असावेत.रथावर दोन व्यक्ती एक सारथी

आणि दुसरा योद्धा उभे राहू शकत होते. रथ हा खैराच्या आणि शिंशपा च्या लाकडापासून बनविण्यात येत असे असे उलेख सापडतात.त्याच्या चाकाला आऱ्या असतं. रथ सर्वप्रथम रशिया मधील सीनथास्ता संस्कृतीमध्ये इसविसन पूर्व १९५० ते १८८० च्या दरम्यान वापरले जायचे. हडप्पा मध्ये मात्र रथ सापडत नाहीत.

महाराष्ट्रातील दायमाबादमध्ये एक ब्रान्झचा रथ सापडला. त्या ठिकाणी उत्खननात उतर सिंधू कालीन सभ्यतेचे अवशेष मिळाले.त्याचा काळ हा इसवीसन पूर्व २२०० ते २००० असा निश्चित करण्यात आला. या रथाला सुद्धा घोडे नाही तर बैल जुंपलेले आहेत.

याउलट आर्यांच्या आगमनाबाबत दुसरा सिद्धांत हा आर्य मुळचे भारतातील असल्याबाबतचा आहे. इंडो-युरोपियन भाषांची उत्पती भारतामध्ये झाली आणि नंतर या भाषा जगभर पसरल्या असा सांगणारा आहे. या सिद्धांताला 'आउट ऑफ इंडिया' (OIT) असं म्हटलं जातं. या सिद्धांतानुसार सिंधू संस्कृती पुढे वैदिक संस्कृती म्हणून विस्तारित झाली आणि त्यामुळे या सिद्धांताच्या समर्थना करिता सिंधू संस्कृती आणि वैदिक संस्कृती मधील साम्यस्थळे शोधणे सुरु झाले. यातील पहिला आणि महत्वाचा मुद्दा भाषेशी संबधित आहे. सिंधू संस्कृतीचे लोक कोणती भाषा बोलायचे या बाबतीत ठोस पुरावा नाही. परंतु काही पुरातत्वशास्त्रज्ञ हे मानतात कि सिंधू संस्कृतीचे लोक द्रविडीयन भाषाकुळातील भाषा बोलायचे. अजूनही द्रविडीयन भाषाकुळातील 'माल्तो' (राजमहाली) हि भाषा जसे झारखंड, पश्चिम बंगाल, बिहार आणि ओडिशा मध्ये बोलली जाते. तसेच पाकिस्तान मधील बलुचिस्थान प्रांतात 'ब्राहुई' हि द्रविडीयन भाषा बोलली जाते.द्रविडीयन भाषाकुळातील भाषा या दक्षिणेकडील राज्यात जसे तामिळनाडू, केरळ, कर्नाटका आंध्रप्रदेश आणि तेलंगाना या राज्यात तमिळ, मलयालम, कन्नड आणि तेलगु या बोलल्या जातात. परतुं उत्तरेकडील राज्यात इंडो-युरोपियन भाषाकुळातील भाषा बोलल्या जातात.

त्यात द्रविडीयन भाषाकुळातील माल्तो अजूनही उत्तरेत बोलली जाणे किंवा १५०० किलोमीटर वरील बलुचिस्थान मध्ये 'ब्राहुई'हि द्रविडीयन भाषा बोलली जाणे हे भाषाशास्त्रज्ञाना कोड्यात पाडते. आणि मग कदाचित सिंधू संस्कृतीमधील लोक द्रविडीयन भाषा बोलत असावे आणि दक्षिणेसोबतच संपूर्ण भारतातसुद्धा द्रविडीयन भाषा बोलली जात असावी असा अनुमान काढल्या जातो. हडप्पा मधील लोक कोणत्या प्रकारची भाषा बोलायचे? याबाबत काही इतिहासकारांचे असे मते आहेत कि इतक्या मोठ्या विस्तीर्ण प्रदेशात एकच नाही तर अनेक भाषा बोलल्या जात असाव्यात. हडप्पा मधील सापडलेल्या मुद्रांवर आणि इतर ठिकाणी एका विशिष्ठ लिपीचा वापर करून लिहण्याचा प्रयत्न केलेला आहे. परंतु ह्या लिपीला अजूनही वाचताआलेलं नाही. कदाचित भविष्यात या लिपीचे वाचन झाल्यावर या भाषेबाबत सांगता येईल आणि हडप्पा आणि वैदिक संस्कृती मधील सबंध अधिक स्पष्टपणे सांगता येतील.

नुकतेच २०२३ मध्ये प्रकाशित झालेल्या एका संशोधन लेखा नुसार लेखकांनी इंडो-युरोपियन भाषांच्या उत्पत्तीसाठी एक नवीन 'हायब्रीड हायपोथिसिस' (संकरितसिद्धांत) प्रस्तावित केलाआहे. त्यानुसार या भाषांचे मूळ स्थान कॉकेशसच्या (Caucasus) दक्षिणे स होते आणि नंतरच्या काळात उत्तरे कडील स्टेपी (Steppe) प्रदेशात त्यांची शाखा पसरली, जोनंतर यामनाया (Yamnaya) आणि कॉर्डेडवेअर (Corded Ware) संस्कृतींच्या विस्तारा सोबत युरोपमध्ये प्रवेश करणाऱ्या इंडो-युरोपियन भाषांच्या काही शाखांसाठी दुय्यम मायभूमी बनली.

आर्यांचे स्थलांतर आणि डी.एन.ए. अभ्यास

अठराव्या शतकात प्राचीन भाषांमधील साधर्म्यामुळे सुरु झालेला इंडो-युरोपिअन भाषांचा कुळ आणि त्या भाषा बोलणारे आर्य यांचा मूळ शोधण्याचा हा प्रश्न कधीतरी जीवशास्त्रीय संकल्पना आणि मानवाच्या

पेशीतील डी.एन.ए. या जैवरसायनाच्या मदतीने सोडविला जाईल याची कल्पना कधीही पुरातत्वशास्त्रज्ञ किंवा भाषाशास्त्रज्ञानी केली नसेल. परंतु वरील बऱ्याच प्रकरणांमध्ये वर्णन केल्याप्रमाणे आता पुरातत्वशास्त्र आणि भाषाशास्त्र याच्या सोबत डी.एन.ए. चा अभ्यास आणि त्यानंतर काढलेले निष्कर्ष यामुळे बऱ्याच बाबी अधिक स्पष्ट आणि पारदर्शक झालेल्या आहेत. पुरातत्वशास्त्र आणि भाषाशास्त्र या दोन्ही शाख्या जरी वैज्ञानिक पध्दतीनेच कार्य करत असल्या तरी त्यामधून काढलेल्या निष्कार्षांविषयी शंका व्यक्त केली जाऊन, पुरातत्वशास्त्रज्ञ किंवा भाषाशास्त्रज्ञाना पूर्वग्रहदुषित ठरवले जाऊन आपआपल्या सोयीचे अर्थ काढण्यात येतात. मग आपल्या मताचा तो राष्ट्रवादी आणि आपल्याला न पटणारा विचार मांडणारा तो वसाहतवादी, मार्क्सवादी किंवा देशद्रोही असी लेबल लावली जातात. परंतु जिवंत पेशीमधून काढलेला डी.एन.ए. किंवा प्राचीन अवशेषांमधून काढलेला डी.एन.ए., त्यावरची क्रमवारी आणि आणि त्यावर आधारित निष्कर्ष याला नाकारता येत नाही.

प्रकरण ९ मध्ये दिल्याप्रमाणे डी.एन.ए. च्या अभ्यासाच्या आधारावर आजचे भारतीय जनसमूह उत्तर भारतीय पूर्वज + दक्षिण भारतीय पूर्वज यांच्या मिश्र वंशसाखळ्यामिळून घडलेले आहेत.त्यामधले उत्तर भारतीय पूर्वज हे हडप्पा संस्कृतीचे लोक आणि गवताळ प्रदेश्यातून आलेले पशुपालक यांच्या मिश्रवशांचे आहेत. तर दक्षिण भारतीय पूर्वज हे हडप्पा संस्कृतीचे लोक आणि भारतात आफ्रिकेतून आलेले पहिले स्थलांतरित यांच्या मिश्रणातून तयार झालेले आहेत.

दक्षिण भारतीय पूर्वज (Ancient South Indian) = भारतामध्ये ५० हजार वर्षांपूर्वी आफ्रिकेतून आलेल्या बुद्धिमान मानवांच्या शिकारी आणि अन्नसंकलक यांची वंशसाखळी + हडप्पा संस्कृती मधील लोक यांची वंश साखळी

उत्तर भारतीय पूर्वज (Ancient North Indian) = हडप्पा संस्कृतीचे लोकांची वंश साखळी + गवताळ प्रदेशातून आलेले पशुपालक यांची वंशसाखळी.

हडप्पा संस्कृती मधील लोक हे भारतामध्ये ५० हजार वर्षांपूर्वी आफ्रिकेतून आलेल्या बुद्धिमान मानवांच्या शिकारी आणि अन्नसंकलक आणि जवळपास १० हजार वर्षांपूर्वी झाग्रोस प्रदेशातून आलेले प्राचीन इराणीयन यांच्या मिश्र वंशाचे होते.

गवताळ प्रदेशातील पशुपालक- इंडो-युरोपियन भाषेची उत्पती आणि प्रसार यांचा भाषिक आणि पुरात्तात्विक इतिहास आपण बघितला. आता हि भाषा बोलणाऱ्याआर्यांच्या डी.एन.ए. प्रवाशाचा मागोवा घेऊ.याकरिता फक्त पुरुषात असणाऱ्या Y- गुणसूत्राच्या जनुकीय पूर्वजसाखळीचा जो अभ्यास झाला त्या वरून काढलेली निष्कर्ष आणि वाघीसनार्सिम्हन आणि जगातील इतर ११६ शास्त्रज्ञ यांनी २०१९ मध्ये प्रकाशित संशोधन लेखाचा आणि या सबंधित इतर संशोधन साहित्याचा उहापोह करू.

भारतात Y- गुणसूत्राचे बरेच हप्लोग्रूप आढळतात-जसे R1a1 (M417), H (H-M82), L (L-M20), J2 (M172), R2 (R-M124) O (O-M175). हप्लोग्रूप**R1a1 (**M417) हा जास्त प्रमाणात उत्तर भारत आणि विशेषतः तथाकथित उच्चवर्णीय जाती मध्ये आढळतो. अनेक संशोधकांनी हे अधोरेखित केले आहे कि हप्लोग्रूप**R1a1**चे प्रमाण उच्चवर्णीय वर्गांमध्ये अधिक आहे. अनुसूचित जाती जमातीच्या तुलनेत ब्राम्हण वर्गांमध्ये दुप्पट आढळून आले आहे.उतर पश्चिम भारतातील लोक आणि तथाकथित उच्चजातीमध्ये पश्चिमयुरेशियन सबंध असलेल्या**R1a1 (**M417) चे प्रमाण जास्त दिसून आले. (आर.एस.वेल्स आणि इतर-२००१). R1a1-M417हा R1a1या Y- गुणसूत्राच्या हप्लोग्रूपचा एक उपगट आहे. हा उपगट जगभरातील इंडो-युरोपियन भाषा बोलणाऱ्या प्रदेशात आढळतो.

इसविसन पूर्व ३८०० च्या सुमारास R1a1-M417 हा उपगट पुन्हा दोन उपगटा मध्ये विभाजित झाला-R1a-Z282 आणि R1a Z-93. यातील R1a-Z282 हा युरोपमध्ये आढळतो तर R1a Z-93 हा मध्य आणि दक्षिण आशियात (भारतामध्ये).भारतात असलेला हा R1a Z-93 हा उपगट, मध्य आशियातील गवताळ प्रदेश्यातल्या इसविसन पूर्व २५०० च्या सुमारास सर्वाधिक नमुन्यांमध्ये आढळून आला आहे.

गवताळ प्रदेश्यातील इंडो-युरोपियन भाषिकांचा डी.एन.ए.प्रवाश

सप्टेंबर २०१९ मध्ये 'सायन्स' या संशोधनपत्रिकेत जगातील ११६ ख्यातनाम वैज्ञानिकानी 'The Formation of Human Populations in South and Central Asia'हा संशोधनलेख प्रकाशित केला. हार्वर्ड मेडीकल स्कूलचे डॉ.वर्गीश नरसिंहन हे या संशोधनाचे अग्रणी होते. हासंशोधनलेख जगातील वेगवेगळ्या पुरात्तत्व जागांवरून जमा केलेल्याएकूण ५२३ मानवी अवशेषांमधील प्राचीन डी.एन.ए. बाहेरकाढून त्याचे आण्विक विश्लेषण करून काढलेल्या निष्कर्षांच्या आधारावर लिहिल्यागेला. या मध्ये इराण आणि तुरान (आताचे तुर्कमेनिस्थान, उझबेकिस्थान, ताझाकीस्थान, अफगाणीस्थान आणि किर्गीझीस्थान- मध्य आशिया) येथील १८२ अवशेष, गवताळ प्रदेश आणि उत्तर जंगली भाग (काझाकीस्थान आणि रशिया) येथील २०९ अवशेष आणि सध्याच्या उत्तर पाकिस्थानमधील स्वात व्ह्याली येथून १३२ अवशेषांमधील डी.एन.ए. वापरल्या गेला.

यात मध्य आशिया, युरेशिया आणि दक्षिण आशिया मध्ये साधारणता दहा हजार वर्षांपूर्वी पासून ते एक हजार वर्षांपूर्वी या भागात झालेल्या स्थलांतराचे थेट भाष्य केलेलं आहे. यात गोणूर (तुकेमेनिस्थान) इथे मिळालेल्या तीन (इसविसन पूर्व २५०० तेइसविसन पूर्व २०००) आणि शहर – इ-सोख्ता (इराण) इथे मिळालेल्या आठ मानवी अवशेषांच्या डी.एन.ए. वरून हडप्पा संस्कृतीमधील भारतीय हे इराण मधून आलेल्या

स्थलांतरित शेतकऱ्यांच्या वंशसाखळी आणि भारतामध्ये आफ्रिकेमधून पन्नास हजार वर्षांपूर्वी आलेले भारतीय यांच्या वंशसाखळी मधून तयार झालेले होते असा निष्कर्ष काढल्या गेला.गोणूर (तुर्कमेनिस्थान) आणि शहर – इ-सोख्ता (इराण) येथील उत्खननामध्ये ज्या ११व्यक्तींचे अवशेष मिळाले ते स्थळ हडप्पा पुरातत्वस्थळांमध्ये मोडत नाहीत. परंतु या ११व्यक्तींच्या अवशेषांमधून काढलेल्या डी.एन.ए. मध्ये अंदामानीज शिकारी आणि अन्नसंकलक संबधित (भारतामध्ये आफ्रिकेमधून पन्नास हजार वर्षांपूर्वी आलेले मूळ भारतीयांचे) डी.एन.ए. आढळले (११ ते ५० %) म्हणून मग हा कयास लावला गेला कि हे बाहेरील म्हणजे हडप्पा संस्कृतीच्या परिघातील रहिवाशी असावेत. तसेच जिथून हे स्थलांतरित झाले असावेत त्या प्रदेशाला 'हडप्पा संस्कृतीच्या परिघावरील प्रदेश' असे नामकरण करण्यात आले. त्या ११ अवशेषां व्यतिरिक्त इतर अवशेषांच्या डी.एन.ए. मध्ये मूळ भारतीयांचा डी.एन.ए. सापडला नाही. गोणूर (तुर्कमेनिस्थान) आणि शहर – इ-सोख्ता (इराण) या स्थळांना बॅक्ट्रिया-मार्जियाना पुरातत्व संकुल असे म्हटले आहे कारण या ठिकाणीऑक्सस संस्कृती ही मध्य आशियातील एक प्राचीन कांस्ययुगीन (Bronze Age) संस्कृती अंदाजे ख्रिस्तपूर्व २३०० ते १७०० या काळात अस्तित्वात होती. या बॅक्ट्रिया-मार्जियाना पुरातत्व संकुल ज्यात इराण आणि तुराण हे प्रदेश मोडतात त्यातील इसविसन पूर्व ३००० ते इसविसन पूर्व १४०० या दरम्यानच्या ८४ प्राचीन व्यक्तींच्या डी.एन.ए. विश्लेषणंमध्ये इराणियन डी.एन.ए. होता.परंतु मूळ भारतीयांचा डी.एन.ए. अस्तिवात नव्हता. यावरून असा निष्कर्ष काढल्या गेला कि इराण आणि तुराण या प्रदेशांमध्ये इंडो-युरोपियन भाषिकांनी भारतातून स्थलांतर केलं नाही. कारण आर्यांच्या 'ऑउट ऑफ इंडिया' या सिद्धांताचे समर्थक हे मानतात कि इंडो- युरोपीयन भाषिक म्हणजे आर्य हे भारतातून बाहेर गेले.

हडप्पा संस्कृतीच्या उत्खननात सापडलेले एकमेव अवशेष म्हणजे राखीगडी (हरयाणा) येथीलI६११३ अवशेष. या अवशेषांमधील डी.एन.ए.

चे विश्लेषण डेक्कन कॉलेज पुण्याचे माजी कुलगुरू आणि ख्यातनाम पुरातत्वज्ञ डॉ.वसंत शिंदे यांच्या नेतृत्वात करण्यात आले. या विश्लेषणावर आधारित 'An Ancient Harappan Genome Lacks Ancestry from Steppe Pastoralists or Iranian Farmers'हा संशोधन लेख 'सेल' या संशोधन पत्रिकेत ऑक्टोबर २०१९ मध्ये प्रकाशित झाला. या शोधनिबंधामध्ये राखीगडी येथील एक आणि वरीलप्रमाणे उलेखीत ११ अश्या एकूण बारा अवशेषांमधील डी.एन.ए.अभ्यासाचे निष्कर्ष एकत्रितपणे 'IVC-क्लाइन' हे नाव वापरून मांडली आहेत. यात हडप्पा संस्कृतीमधील सापडलेल्या अवशेषांच्या डी.एन.ए.मध्ये अनातोलीया आणि गवताळप्रदेशातील वंशसाखळी नसल्याचे म्हटले आहे. परंतु या अवशेषांमधील डी.एन.ए. मध्ये इराणियन संबधित वंशावळ खूप जास्त प्रमाणात आणिअंदामानीज शिकारी आणि अन्नसंकलक संबधित वंशावळ यांचं मिश्रण असल्याचं उलेख केल्या गेला आहे. या वंशसाखळीतील इराणियन संबधित वंशावळ हि इसविसनपूर्व १०००० च्या आधी इराणियन शिकारी आणि अन्न संकलक यांच्या वंशसाखळी पासूनच तुटलेली आहे. यातीलइराणियन संबधित वंशावळ हि कृषीची सुरवात होण्याच्या आधीची असल्यामुळे या वंशावळीमधील इराणियन हे शेतकरी नाहीत तर सुरवातीचे इराणियन शिकारी आणि अन्न संकलक होते जे इराणियन मुख्य वंशावळी पासून बरेच आधी वेगळे झालेले होते.त्यामुळे इराणियन शेतकऱ्यांच्या वंश हडप्पा जिनोम मध्ये नसल्याचं शीर्षकात म्हटलं असाव. हडप्पा संस्कृतीच्या उतरार्धात किंवा हि संस्कृती नाहीशी झाल्यानंतर इंडो-युरोपियन भाषिक किंवा आर्य दक्षिण आशियात (भारतात) आले त्यामुळे या हडप्पा अवशेषांच्या डी.एन.ए. मध्ये गवताळ प्रदेशातील पशुपालकांचा वंश आढळला नाही.

गवताळ प्रदेशातून पहिल्यांदा पशुपालक (इंडो-युरोपियन भाषिक) इसवीसन पूर्व २१०० नंतर मध्य आशियाच्या दक्षिण भागात म्हणजे

आजच्या तुर्केमेनिस्तान उझबेकिस्तान आणि ताजिकिस्तान मध्ये स्थलांतरित झाले.त्यानंतरइसवीसन पूर्व २००० ते इसवीसन पूर्व १००० या दरम्यान भारतात स्थलांतरित होत राहिले. दक्षिण आशिया कडे स्थलांतर करीत असताना बॅक्ट्रिया-मार्जियाना पुरातत्व संकुल (BAMC) या प्रदेशात आपल्या संस्कृतीची छाप सोडून समोर भारताच्या दिशेने वाढत राहिले.बॅक्ट्रिया-मार्जियाना पुरातत्व संकुला मधील आजच्या उतर अफगाणिस्थान, दक्षिण उझबेकीस्थान आणि पश्चिम ताजिकिस्तान या भागात न स्थिरावता किंवा आपले अनुवांशिक पदचिन्ह न सोडता ते समोर दक्षिण आशिया कडे सरकत राहिले.दक्षिण आशिया मध्ये इसवीसन पूर्व २००० ते इसवीसन पूर्व १००० या दरम्यान हे गवताळ प्रदेशातील पशुपालक त्यांचा अनुवांशिक घटक मुळच्या प्राचीन दक्षिण भारतीय (ASI) मध्ये मिश्रित करीत भारतात प्राचीन उतर भारतीय (ANI) वंशसाखळी गुंफीत गेले.हि वंशसाखळी ज्या मध्ये पहिल्यांदाच या गवताळ भागातील पशुपालकांचा डी.एन.ए. आढळतो तो सापडलापाकिस्तान मधील स्वात खोऱ्यातील प्राचीन डी.एन.एनमुन्यांमध्ये.इसवीसन पूर्व १२०० ते इसवीसन १ या कालखंडातील स्वात खोऱ्यातील रहिवाशी असलेल्या लोकांच्या अवशेषांमध्ये जो डी.एन.ए. वेगळा केल्या गेला त्यात हा अनुवांशिक घटक सापडला. स्वात खोऱ्यातील या नमुन्यांमध्ये भारतातील पहिले आफ्रिकन बुद्धिमान मानव आणि इराणियन झाग्रोस भागातील पूर्वज यासोबतच गवताळ प्रदेशातल्या पशुपालंकाची वंशसाखळी आढळली. गवताळ प्रदेशातील या डी.एन.ए. घटकाला नाव दिल्या गेले '*Central _Steppe_ MLBA*'. याला मध्य आणि उतर कांस्ययुगिन मध्य गवताळ वंशसाखळी असं म्हणता येईल. हि वंश साखळी तयार झाली मध्य आणि उतर कांस्ययुगात (४००० वर्षांपूर्वी). पश्चिमेतील पशुपालक ज्यांना 'यामनाया' म्हटलं गेलंय ते जेव्हा गवताळ प्रदेशात स्थलांतर करायचे तेव्हा स्थानिक संस्कृतीतील लोकांमध्ये आपला अनुवांशिक घटक मिश्रित

केल्यानी एक नवी वंश साखळी तयार होत असे याच वंशसाखळी ला मध्य आणि उतर कांस्ययुगिन मध्य गवताळ वंशसाखळी असं म्हणता येईल.

यामनाया

गवताळ प्रदेश (स्टेपे) मध्य युरोपपासून चीनपर्यंतसुमारे आठ हजार किलोमीटर पर्यंत पसरलेले आहे.पाच हजार वर्षांपूर्वी पुरातत्वीय पुराव्या वरून असे दिसून येते कि गवताळ प्रदेशात नदीच्या खोऱ्यापासून फार दूर कोणीही राहत नव्हते.कारण या भागां मध्ये शेतीकरिता पाहिजे तितका पाऊस पडत नसे. पशुधनाला आधार देण्यासाठी पाण्याची ठिकाणे खूप कमी होती.

गवताळ प्रदेशातून तिकडे युरोप आणि इकडे दक्षिण आशिया या भागात स्थलांतरित झालेले हे पशुपालक नेमके कोण होते याबाबत जे जनुकीय पुरावे प्राप्त झाले त्यावरून या पशुपालाकांचा डी.एन.ए.प्रवास निश्चित केल्या गेला. वर उलेखीत संशोधनलेखात याचा एक नकाशा दिलेला आहे. या डी.एन.ए.प्रवासाची सुरवात इसविसन पूर्व ३३०० च्या दरम्यान 'यामनाया' या संस्कृतीच्या लोकांपासून झालेली आहे. काळा आणि कॅस्पियन समुद्राच्या उत्तरेकडील स्टेप्स (गवताळ प्रदेश) मध्ये (आधुनिक युक्रेन आणि रशिया) सुमारे ३३०० ईसवीसनपूर्व (BCE) मध्ये 'यामनाया' (Yamnaya) पुरातत्व संकुल प्रकट झाले आणि ३००० ईसापूर्व पर्यंत ते पश्चिमेस हंगेरीपासून पूर्वेस कझाकस्तानपर्यंत पसरले (ओसिफ लाझार्डीस-२०२५). प्रतिष्ठीत संशोधन पत्रिका नेचर मधील मार्च २०२५ च्या संशोधना नुसार 'यामनाया' ची वंशावळ हि तीन अनुवांशिक साखळ्यांच्या मिश्रणातून तयार झालेली आहे.१.कॉकेशसलोअर व्होल्गा (CLV) साखळी.२.व्होल्गासाखळी (Volga Cline) साखळी ३.डनिप्रो रेषा" (Dnipro Cline).

यामनायाच्या प्रसारास कारणीभूत ठरलेल्या शोधांपैकी एक म्हणजे चाक. चाकाचा शोध कुणी लावला हे निश्चित सांगता येत नाही परंतु चाकां चा

वापर करणाऱ्या गाड्याची संकल्पना हि यामनाया लोकांनी त्यांच्या दक्षिणे कडील शेजाऱ्यांकडून मैइकाप लोकां कडून घेतली असावी. हि मैइकाप संस्कृती काळ्या आणि कॅस्पियन समुद्रामधील कॉकेशस प्रदेशातील होती. यामनाया लोक चाक, रथ आणि घोडा याचा वापर करायचे. या साधनांचा उपयोग करून यामनाया एका ठिकाणा हून दुसऱ्या ठिकाणी स्थलांतर करायचे.यामनाया ज्याभागात होते त्याभागात घोडा आणि रथ अतिशय उपयुक्त होते. त्यांच्या प्राण्यांना रथ आणि गाड्यांना जुंपून हे लोक पाणी आणि इतर वस्तूंची ने आण करू शकले.यामनाया मृत व्यक्तीच्या शवासोबत रथ आणि घोडे दफन करायचे. यांची जीवन शैली भटकी असल्याने गवताळ प्रदेशात त्यांच्या कायम स्वरूपी वस्त्या नव्हत्या.

यामनायांचे वंशज दक्षिण आशियात येण्याच्या एक हजार वर्षांच्या आधीच युरोपात स्थलांतरित झालेले होते. यामनायाचा अनुवांशिक प्रभाव मध्य युरोपमध्ये 'कार्डेड वेयर' संस्कृतीच्या लोकांवर पडलेला दिसतो. मध्य युरोपात ४९०० वर्षांच्या आधी हि 'कार्डेड वेयर' संस्कृती नादंत होती.कार्डेड वेयर या संस्कृतीमध्ये मातीच्या भांड्यांवर पिडदार दोराचे ठसे उमटवले जायचे. हि संस्कृती स्वित्झर्लंड पासून रशिया पर्यंत पसरलेली होती. या संस्कृतीमधील लोकांमध्ये दोन वंशसाखळ्या मिश्रित झाल्याचे आढळले. त्यातील एक वंश साखळी यामनाया वंशाची तर दुसरी त्या प्रदेश्यातील मूळ रहिवाशी यांची होती. जर्मनीत ज्या दफनांमध्ये हि भांडी मिळाली त्या दफानांमध्ये मिळालेल्या प्राचीन डी.एन.ए.च्या नमुन्यांमध्ये ७५% अंश हा यामनायांचा तर २५ %अंश हा पूर्वीपासून राहत असलेल्या रहिवाशांच्या होता.यामनाया यांनीकार्डेड वेयर सोबतच बेल बिकर संस्कृतीवरही आपला अनुवांशिक ठसा उमटवला होता.यामनाया, कार्डेड वेयर आणि बेल बिकर या सर्व संस्कृतीमध्ये एक सर्वसाधारणपणे पाडली जाणारी प्रथा म्हणजे 'कुर्गन'. लाकडी शवपेटी वर दगड आणि मातीचे थर रचून तयार उंचवटा म्हणजे कुर्गन. वर्गीश नरसिंहन

आणि इतर (२०१९) यांनी दक्षिण आशिया आणि युरोपाचा पूर्वइतिहास अगदी समांतर घडल्याचे म्हटले आहे. पहिल्या लाटेत दोन्ही उपखंडामध्ये नैऋत्य आशिया मधून लोकांचे स्थलांतर होऊन आणि मुळच्या शिकारी आणि संकलक लोकांसोबत प्रजनन होऊन सिंधू परिसर वंशावळ आणि युरोपिअन वंशावळ बनली.तर दुसऱ्या लाटेत दोन्ही उपखंडामध्ये गवताळ प्रदेशातील पशुपालकांचा अंश मिश्रित झाल्यामुळे दक्षिण आशियात प्राचीन उतर भारतीय वंश साखळी तर युरोपमध्ये बेल बिकर सारख्या वेगवेगळ्या साखळी उदयास आल्या.

यामनायानि गवताळ पशुपालक वंशावळ युरेशिया, मध्य आशिया आणि दक्षिण आशिया मध्ये पसरवली.हि वंशावळ प्रामुख्यानी पुरुषांकडून आलेली आढळते.मध्य युरोप मध्ये आलेली स्टेप-संबंधित वंशावळ प्रामुख्याने पुरुष-आधारित (male-driven) होती, जी मुख्यत्वे 'कॉर्डेड वेअर' संस्कृती मध्ये आणि कमी प्रमाणात' बेलबेकर' संस्कृती मध्ये दिसून येते. वास्तविक, या स्थलांतरा चा युरोपियन ब्रॉन्झ युगातील सर्व लोकसंख्येच्या माइटोकॉन्ड्रियल जनुकीय पूलवर (mitochondrial genetic pool) लक्षणीय परिणाम झाल्याचा कोणताही पुरावा नाही. (स्कोरानोआणिइतर२०२१). हाच प्रकार दक्षिण आशिया मध्ये हि दिसतो. इथेसुद्धा गवताळ पशुपालकांची वंशावळ पुरुष-आधारित आहे. २०१७ मध्ये प्रकाशित झालेल्या A Genetic Chronology for the Indian Subcontinent Points to Heavily Sex Biased Dispersal' या शोधनिबंधात भारतामध्ये कश्या प्रकारे बाह्य पुरुष वंशसाखळी तयार झाली या बाबत उहापोह केला आहे. कांस्ययुगामध्ये मध्य आशियातून आलेल्या जनसामुदायांची जनुकीय पूर्वजसाखळी पुरुषांकडून आलेली होती आणि ती गवताळ प्रदेशातील इंडो-युरोपीय समाजाच वैशिष्ट मानल्या गेलेल्या पितृसत्ताक आणि पितृप्रधान समाज रचनेशी सुसंगत होती.त्यामुळे आजच्या भारतीय जनसमुहामध्ये ७० ते ८० टक्केमाइटोकॉन्ड्रियल

डी.एन.ए. पूर्वज साखळी हि भारतात आलेल्या पहिल्या आफ्रिकन लोकांची आहे. मात्र त्यांच्या जनुकीय पूर्वज साखळ्यातील Y- गुणसुत्रांच प्रमाण हे केवळ १० ते ४० टक्के आहे. हि तफावत गवताळ प्रदेशातील आलेल्या जनसमुहांच्या स्त्री-पुरुष प्रमाणातील विषमतेमुळे आहे. गवताळ प्रदेशातील पशुपालक दक्षिण आशिया मध्ये येतांना फक्त पुरुषांचा जथा असावा.

ज्या काळात यामनाया मोठ्या प्रमाणात युरोपमध्ये गेले त्याच वेळी काही यामानायांचे समूह गवताळ प्रदेश ओलांडून मिनुसिन्स्क नदीचे दक्षिण सायबेरियातील खोरे आणि अल्ताई पर्वताच्या प्रदेशात गेले. यामनायानि त्या ठिकाणी अफ़न्यासिव्हो संस्कृती निर्माण केली. जनुकीय पुराव्या नुसार इसविसन पूर्व ३००० नंतर पुन्हा एकदा पूर्वेकडे पश्चिम रशियातील उरल पर्वत ओलांडून त्या पलीकडच्या प्रदेशात स्थलांतर सुरु झाली होती.पूर्वेकडे पुन्हा स्थलांतर करणाऱ्या या यामनायांच्या समूहामध्ये मिश्र जनुकीय वारसा आल्याच दिसत होत. इसविसनपूर्व २६०० पर्यंत गवताळ प्रदेशामध्ये यामानायांच्या कार्डेड वेयर संस्कृती मधून अनेक संस्कृती जशा सिंताश्ता, स्त्रुब्नया, अबसेवो, फ्यातीनोवो आणि एड्रोन्नोव्हो इत्यादी निर्माण झाल्या.यापैकी सिंताश्ता या संस्कृतीमधील इंडो – इराणियन भाषिक इसविसन पूर्व २००० ते इसविसन पूर्व १५०० दरम्यान भारतीय उपखंडात स्थलांतरित झाले.सिंताश्ता हि मध्यकांस्ययुगीन संस्कृतीआजच्या रशिया आणि कझागिस्तान च्या सीमेवरील दक्षिण उरल पर्वताच्या दरम्यान इसविसनपूर्व २१०० ते इसविसनपूर्व १७५० आधीच्या कार्डेड वेयर संस्कृती मधून विस्तारित झाली होती.या संस्कृतीत गोलाकार किल्ल्यासारखे गाव बसलेले होते. रथ तयार करणे, घोड्यांना प्रशिक्षण देणे आणि नव-नवी शस्त्रे तयार करणे यात हे सिंताश्ता संस्कृतीमधील लोक तरबेज होते. सिंताश्ता संस्कृतीतील लोक दफानांमध्ये शवासोबत घोडे, रथ आणि शस्त्रे पुरायचे आणि त्यावर मोठ मोठे ढीग रचायचे. मानववंश शास्त्रज्ञ डेव्हिडअँथनीत्यांनी लिहलेल्या 'द हॉर्स, द व्हील अंड लँग्वेज'

या आपल्या पुस्तकात सिंताश्तासंस्कृती आणि ऋग्वेदात वर्णन केलेल्या धार्मिक विधी यातील साम्य स्थळे दाखवितात. त्यांच्या नुसर ऋग्वेदातील संदर्भ हे सिंताश्ता दफानांमधील पुराव्याशी साम्य दर्शवितात.

अखेर आद्य इंडो – युरोपियन भाषेच्या जन्मस्थानाचे रहस्य उलगडले

अठराव्या शतकात भारतात कलकत्याच्या उच्च न्यायालयाचे न्यायाधीस विलियम जोन्स यांनी संस्कृत, लॅटिन आणि ग्रीक या भाषांमधली साम्यता शोधली व त्यानंतर या भाषापरिवाराला इंडो युरोपियन असे नाव दिल्या गेले. तिथून या भाषापरिवाराचा कुळ शोधणे आणि त्यानंतर हि भाषा बोलणारे 'आर्य' यांचाही मूळ शोधण्याचा प्रवास सुरु झाला. भाषापरिवारा पेक्षा हि भाषा बोलणारे प्राचीन समूह ज्यांनी जवळपास जगातील अर्ध्याहून जास्त संस्कृतीवर प्रभाव टाकला ते जास्त चर्चेचा किंबहुना वादाचा विषय ठरले. तिकडे युरोप मध्ये मग आर्य वंश श्रेष्ठ असल्याच्या आणि शुद्ध रक्त असल्याच्या बढाया असोत कि इकडे भारतात वर्ण आणि जात श्रेष्ठ असल्याच्या बढाया असोत.

भाषाशास्त्र, मानवंशशाशास्त्र, पुरातत्वशास्त्र या सर्व शाखांमध्ये या विषयावर भरपूर संशोधन केल्या गेले. शेवटी आधुनिक विज्ञानशाखेतील आण्विक जीवशास्त्र या शाखेने यांवर अतिशय वैज्ञानिक पद्धतीने संशोधन करून ठोस असे पुरावे जगासमोर ठेवले. आर्यांच्या आगमनाविषयाचे दावे आणि प्रतिदावे हे नुसत्या पोकळ चर्चा न ठरता त्याला आता वैज्ञानिक आधार मिळाला आहे. आता या प्रवासाचा शेवटचा टप्पा सुद्धा गाठला गेलाय असे म्हणण्याची वेळ आली आहे.

वरीलप्रमाणे इंडो-युरोपियन भाषा ज्यांनी जगाच्या जवळपास अर्ध्या भूगावर विस्तारित केली ते यामनाया हे गवताळ प्रदेशातील पशुपालक युरोप आणि दक्षिण आशियाच्या वेगवेगळ्या संस्कृतींमध्ये आपली वंश साखळी पसरवित राहिले.आता नुकतच मार्च २०२५ मध्ये 'नेचर' या प्रतिष्ठित

संशोधन पत्रिकेत 'The GeneticOrigin of Indo-Europeans' हा संशोधनलेखओसिफ लाझार्डीस आणि इतर ९५ संशोधकांनी लिहिला आहे. या संशोधकांनीइंडो – युरोपियन भाषाकुळ कुठे निर्माण झाले आणि त्याचे आद्य प्रवर्तक कोण यांवर प्रकाश टाकला आहे. ४३५ व्यक्तींच्या अवशेषांमधील प्राचीन डी.एन.ए.चे विश्लेषण करून आद्य- इंडो-युरोपियन भाषेचे उगमस्थान शोधून काढले. या संशोधना नुसार प्रोटो-इंडो-युरोपियन भाषा कुटुंबाची उत्पत्ती सुमारे ६, ५०० वर्षांपूर्वी आधुनिक रशियामधील युरेशियन स्टेपमध्ये राहणाऱ्या काकेशस-लोअर व्होल्गा (CLV) लोकसंख्येपासून झाली. काकेशस-लोअर व्होल्गा लोक यामनया संस्कृतीचे पूर्वजहोते. हे लोकं शिकारी- अन्नसंग्रहक होते आणि त्यांनी स्थानिक गटांमध्ये मिसळून यामनाया हा वेगळा वंश तयार केला ज्याने संपूर्ण युरेशियामध्ये इंडो-युरोपियन भाषा पसरवल्या.हे दक्षिण रशियाच्या गवताळ प्रदेशात अस्तित्वात होते, जे लोअर व्होल्गापासून उत्तर काकेशस पर्वतांपर्यंत पसरलेले होते. जवळपास ६५०० वर्षांपूर्वी सध्याच्या रशिया आणि उक्रेनच्या सीमाभागात जिथे सध्या जोरात युद्ध सुरु आहे त्या भागात त्या काळी अस्तिवात असलेल्या गवताळ प्रदेशात या यामनायांचे पूर्वज राहायचे. यामनाया वंशज हे काकेशस-लोअर व्होल्गा (CLV) गटातील शिकारी आणि पूर्व शिकारी (Eastern hunter-gatherer) यांच्या मिश्रणातून बनले असून, ते प्रामुख्याने काकेशस शिकारी-संग्राहक (Caucasus hunter-gatherer) वंशाचे असल्याचे दिसून आले आहे,

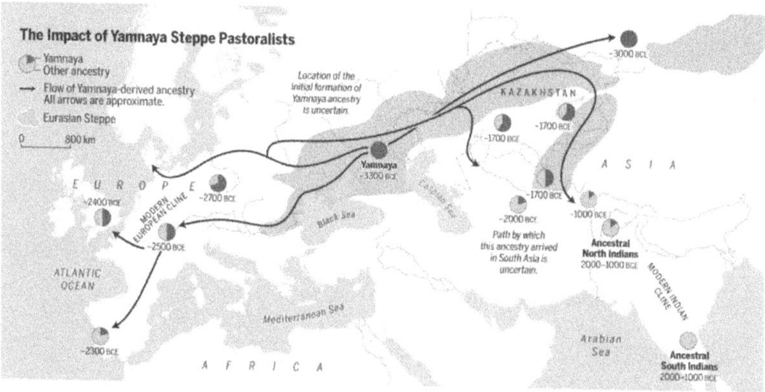

गवताळ पशुपालक यामनाया यांचे कांस्य युगात युरोप आणि दक्षिण आशियात स्थलांतर आणि इंडो-युरोपियन भाषा परिवाराचा प्रसार (सौजन्य – सायन्स शोधपत्रिका- सप्टेंबर२०१९)

वरील संशोधना चा सारांश असा कि आद्य इंडो-युरोपियन भाषा कुळातीची उत्पती सुमारे ६५०० वर्षांच्या आधी आजच्या रशिया आणि युक्रेन च्या सीमाभागात झाली. या भाषा कुळाचे जनक खालच्या व्होल्गा नदीकाठी असलेल्या स्टेप गवताळ प्रदेशांपासून ते काकेशस पर्वतांच्या उत्तरेकडील पायथ्यापर्यंत पसरलेले होते. या ठिकाणी राहणाऱ्या शिकारी आणि अन्न संग्राहक लोकांना काकेशस-लोअर व्होल्गा (CLV) म्हटल्या गेले आहे.संशोधनात तीन प्रमुख जनुकीय वंशावळी आढळल्या—काकेशस-लोअर व्होल्गा (CLV), व्होल्गा आणि डनिप्रो. काकेशस-लोअर व्होल्गा लोक पश्चिमेकडे सरकले आणि युक्रेनमधील शिकारी-गोळा करणाऱ्यांशी मिसळले, ज्यातून यमनायांची निर्मिती झाली.यामनाया पूर्वज ६४००-६००० वर्षांपूर्वी 'प्रोटो-इंडो-अनातोलियन' भाषेचे प्रणेते होते आणि नंतर त्यांनी अनातोलियामध्ये (आधुनिक तुर्की) प्रवेश केला. जे यामनाया पूर्वज अनातोलिया (आधुनिक तुर्की) मध्ये गेले त्यांनी तिथे इंडो-युरोपियन

भाषा कुळा तील हिताती भाषेचा प्रसार केला. इतर ठिकाणी जसे मध्य आशिया आणि युरोपमध्ये गेलेल्या यामनाया पूर्वजांनी इंडो- युरोपिअन भाषांचा प्रसार केला.त्यानंतर इराण आणि भारतात गेलेल्या यामनाया वंशजानी इंडो-इराणियन भाषापरीवाराचा प्रसार केला. यांनीच इराण आणि लगतच्या प्रदेशातअवेस्तन या प्राचीन भाषेचा प्रसार केला. अवेस्तन या भाषेतील झेंड अवेस्ता या झोरोस्त्रीयन ग्रंथामध्ये आर्यांना आरीया असं संबोधले गेले आहे. आणि या सोबतच बरेच कर्मकांड हे आर्यांच्या कर्मकांडासारखे दिलेले आहेत.अवेस्तन भाषेच्या पर्शियन, पश्तो, कुर्दिश बलुची आणि ओसेटिक या सहोदर भाषां या भागात बोलल्या जातात. याचइंडो-इराणियन भाषाकुळातील एक भाषा दक्षिण आशिया (भारत) मध्ये या गवताळ पशुपालक यामनाया वंशजांनी सोबत आणली होती ती म्हणजे प्राचीन संस्कृत जी वैंदिक लोकांची भाषा होती. याच भाषेत चार वेदांची रचना केल्या गेली. सुरवातीला हे वेद मुखोद्गत म्हटल्या जायचे नंतर ते लिहण्यात आले. चार वेदांनंतर उपनिषदे, ब्राम्हनके, आरण्यके आणि पुराण लिहिल्या गेले. गवताळ प्रदेशातील पशुपालक दक्षिण आशियात आल्यानंतर येथील हडप्पा संस्कृतीतील लोकांसोबत आणि प्राचीन दक्षिण भारतीय वंश साखळी तील लोकांसोबत काही कालावधीकरिता मिसळल्यामुळे दक्षिण आशियाई मिश्रवंशीय बनले. अनुवांशिकदृष्ट्या आजच्या भारतीयांमध्ये शुद्ध आर्य वंश किंवा शुद्ध प्राचीन उतर भारतीय वंश किंवा शुद्ध प्राचीन दक्षिण भारतीय वंश सापडत नाही. कोणताही भारतीय तो तथाकथित उच्च वर्गीय असो कि मागासवर्गीय असो कि जंगलातील आदिवासी असो कि सवर्ण असो कि अवर्ण असो हा मिश्र वंशीयच आहे. फक्त तथाकथित उच्च वर्णीय पुरुषांमध्ये गवताळ प्रदेशातील पशुपालकांची वंशावळ जास्त आहे मग तो उच्च वर्णीय पुरुष उतरेतील रहिवाशी असो कि दक्षिणेतील कि पूर्वेतील कि पश्चिमेतील. आणि मागास जाती आणि आदिवासी जमाती मधेही हि गवताळ प्रदेशातील पशुपालकांची वंशावळ अतिशय कमी आहे. भारतातील

दोन वंशसाखळ्याप्राचीन उतर भारतीय वंशसाखळी (ANI) आणि प्राचीन दक्षिण भारतीय वंशसाखळी (ASI) यांच्या मिलापानी तयार झालेले आजचे भारतीय मात्र जाती जातीत विभाजित झाल्यामुळे अनुवांशिक दृष्टीने एकसंघ नाहीत.डेव्हिड राइच नुसार भारत हा मोठ्या संख्येनी छोट्या-छोट्या लोकसंख्या मिळून तयार झालेला देश आहे.

प्रकरण ११

जात व्यवस्थेचा उदगम

"जातीअंतर्गत विवाह हेच जातींचे व्यवच्छेदक लक्षण ठरते आणि जातीअंतर्गत विवाहाची रूढी भारतात कशी टिकवून ठेवली गेली हे जर आपण स्पष्ट करू शकलो तर आपण भारतातील जातींची जडणघडण व उगम यांचे स्पष्टीकरण दिल्यासारखे होईल"

– डॉ.बाबासाहेब आंबेडकर (१९१६)

अमेरिकेतील कोलंबिया विद्यापीठ, प्रख्यात मानववंशशास्त्रज्ञ डॉ. गोल्डन वायझर या प्रख्यात मानववंशशास्त्रज्ञाच्या मार्गदर्शनाखाली अभ्यास करीत असताना ९ मे १९१६ रोजी डॉ. बाबासाहेब आंबेडकरानी एका अत्यंत महत्वपूर्ण विषयांवर आपले संशोधन सेमिनार च्या स्वरुपात सादर केले होते. विषय होता – 'भारतातील जाती: त्यांची उत्पती, विकास आणि प्रसार'. भारतातील जातीव्यवस्थायांवर इतकं गंभीर विवेचन त्याआधी झाले नसावे. अगदी विषयाच्या सुरवातिलाच बाबासाहेब आंबेडकरांनी हे सांगून गेले कि ' जातीसंस्थेसारख्या पुरातन संस्थेला अज्ञानाच्या प्रदेशात ढकलण्या इतका मी निराशावादी नाही. कारण तिच्या उत्पतीसंबंधी माहिती घेता येऊ शकते, अशी माझी धारणा आहे.' आणि नंतर जातीव्यवस्थेच्या गुहेची 'जातीअंतर्गत विवाह (endogamy)' हि गुरुकिल्ली आहे असं म्हटलं. जातीव्यवस्थेच्या गुहेची हि गुरुकिल्ली सांगताना बाबासाहेब म्हणतात कि जातीअंतर्गत विवाह पद्धती सुरु व्हायच्या आधी खुलेपणाने विवाह होत असतं.इतिहास काळात केव्हातरी हिंदूंच्या उपाध्याय वर्गाने (ब्राम्हण)

सामाजिक संबंधाच्या बाबतीत बाकिच्या जनतेपासून स्वतःला वेगळे तोडून घेतले.ब्राम्हण जातीतून तिची सुरवात झाल्यामुळे सर्व अब्राम्हण वर्गानी तिचे अनुकरण केले.

मानववंशशास्त्रज्ञ डॉ.डी.डी मजुमदार यांनी जातीप्रथेची उत्पती आर्यांच्या आगमनानंतर झाली असल्याचे म्हटले आहे. मजुमदार यांच्या म्हणण्यानुसार, 'वर्ण' (Verna) किंवा रंग ही संकल्पना या लोकांनी वापरात आणली. यासोबतच 'दास वर्ण' ही दुसरी प्रथाही अस्तित्वात आली. ऋग्वेदामध्ये आर्य आणि दास यांच्यातील फरक अत्यंत प्रकर्षाने मांडला आहे. या साहित्यात आर्य आणि अनार्य यामधील रंग, शारीरिक वैशिष्ट्ये, प्रथा आणि भाषा यांसारख्या विविध वांशिक वैशिष्ट्यांची चर्चा केली आहे.

जातीच्या राजकीय सिद्धांतानुसार, ब्राह्मण हे संपूर्ण जातिव्यवस्थेचे निर्माते असून त्यांनी स्वतःच्या गरजेनुसार तिला आकार दिला आहे. त्यांनी या व्यवस्थेमध्ये स्वतःला सर्वोच्च स्थानी ठेवले. प्रा. जी. एस. घुर्ये म्हणतात, "जात ही इंडो-आर्यन संस्कृतीची ब्राह्मणी कन्या आहे, जिचे पाळणे (उगम) गंगेच्या खोऱ्यात झुलवले गेले आणि तेथून ती भारताच्या इतर भागात हस्तांतरित करण्यात आली".

भारतीय जातीव्यवस्थेचे स्पष्टीकरण देणारे 'फिशन आणि फ्युजन' (विभाजन आणि एकत्रीकरण) हे दोन सिद्धांत महत्त्वाचे मानले जातात. इरावती कर्वे यांनी मांडलेल्या फिशन् (Fission - विभाजन) सिद्धांतानुसार, बहुतांश जातींची उत्पत्ती आदिवासी समूहातून (tribe) झाली आहे. आदिवासी समूहाप्रमाणेच, जात हा एक विस्तृत नातेसंबंध गट (extended kin group) असतो, जो परंपरेने एका विशिष्ट भौगोलिक प्रदेशात पसरलेला असतो. आदिवासी समूहाप्रमाणेच, जातीच्या सदस्यांवर जातीय पंचायतीचे नियंत्रण असते. कर्वे यांच्या मते, जातीव्यवस्था ही आर्य परंपरेची निर्मिती नसून ती आर्यांच्या आगमनापूर्वीची आहे. कर्वे यांनी जातीला केवळ जात

न मानता 'कास्ट क्लस्टर' (caste cluster - जातींचा समूह) म्हणून परिभाषित केले आहे; उदाहरणार्थ, ब्राह्मण हा एका जातीचा समूह आहे ज्यामध्ये पोटजातींचा समावेश होतो. त्यांनी स्पष्ट केले की जातीसमूहातील जाती कालांतराने स्वतःची सामाजिक प्रतिष्ठा उंचावू शकतात आणि त्यांचे अंतर्विवाही (endogamous) स्वरूप टिकवून ठेवतात. त्यामुळे, त्यांनी सांगितले की एका जातीसमूहातील गट अनुवांशिकदृष्ट्या वेगळे नसतानाही, सांस्कृतिकदृष्ट्या एकमेकांपासून लक्षणीयरीत्या भिन्न असू शकतात.

मानववंशशास्त्राच्या या काही विवेचना नंतर आधुनिक आण्विक जीवशास्त्र आणि लोकसंख्येचे अनुवंशशास्त्र यात झालेल्या संशोधनातून काय निष्कर्ष निघाले ते बघू. 'द अमेरिकन जर्नल ऑफ ह्युमन जेनेटिक्स' या संशोधन पत्रिकेत सप्टेंबर २०१३ मध्ये 'जेनेटिक इव्हीडन्स फॉर रीसेंट पापुलेशन मिक्सर इन इंडिया' हा संशोधन लेख प्रकाशित झाला. या संशोधनात एकूण ७३ वांशिक-भाषिक (जात) गटांमधील एकूण ५७१ लोकांचा डी.एन.ए. जमा करून विश्लेषण केल्या गेलं. या संशोधकांनी डी.एन.ए. विश्लेषनाच्या आधारावर असे निष्कर्ष काढले आहे कि १९०० – ४२०० वर्षांपूर्वी भारतातील प्राचीन उतर भारतीय पूर्वज (ANI) आणि प्राचीन दक्षिण भारतीय पूर्वज (ASI) या मध्ये प्रजनन होऊन आजची भारतीय लोकसंख्या तयार झालेली आहे.१९०० वर्षांपूर्वी भारतात जातीअंतर्गत विवाह (endogamy) हि प्रथा अस्तित्वात नव्हती. त्यामुळे जातीव्यवस्था सुद्धा अस्तित्वात नव्हती. १९०० वर्षांपूर्वी वेगवेगळ्या गटामधील लोक मुक्तपणे विवाह करू शकत होते.या संशोधंनातअसे आढळून आले कि लोकसंख्या दक्षिणेकडीलआहे कि उतरेकडील आणि इंडो-युरोपिअन भाषिक आहे कि द्रविड भाषिक लोकसंख्या आहे त्यानुसार हा दोन वंशावळीच्या मिसळण्याचा कालावधी बदलतो. दक्षिण भागातील लोकसंख्येमध्ये हे दोन वंशावळी मधील प्रजनन खूप आधी झालेले आढळले तर उतर भागातील लोकसंख्येमध्ये हे दोन वंशावळी मधील प्रजनन बऱ्याच

उशिरा झालेले आढळले. उदाहरण घ्यायचे असेल तर आंध्रप्रदेशातील मादिगा या तथाकथित खालच्या जातीमध्ये हा दोन वंशावळी मिसळण्याचा कालखंड ३४८० वर्षांपूर्वीचा तर उत्तर प्रदेशातील ब्राम्हण जातीमध्ये हा कालखंड फक्त १८८५ वर्षांपूर्वीचा आहे.आज दक्षिण भागात राहणाऱ्या द्रविड भाषिकांमध्ये दोन वंशावळी मिसळण्याचा कालखंड हा उतर भागात राहणार्यां इंडो-युरोपियन भाषिकांपेक्षा अधिक जुना आहे याचे कारण देताना संशोधक म्हणतात हि आज जे दक्षिणेत राहणारी लोक आहेत त्यांचे पूर्वज सुरवातीला उतरेत सीमेनजीकच्या भागात राहत असावेत. आणि पश्चिम युरेशिअन वंशाचे लोक सीमेच्या भागात वारंवार संपर्कात आल्यामुळे त्यावेळी हे मिश्रण आधी झाले असावे.अश्या प्रकारे या काळात भारतामध्ये सर्व प्रदेशात हे मिश्रण सर्व जातीमध्ये झालेले आढळले अगदी जंगलात राहणाऱ्या भिल आणि पल्लीयार या आदिवासी जमाती मधेही हे मिश्रण झालेले आढळले. मात्र ज्या जातींमध्ये या जातीअंतर्गत विवाहाना (endogamy) तिथून सुरुवात झाली तिथून ती जात जनुकीय दृष्टीने इतर जातीपासून वेगळी पडली. जसे या संशोधनातून असे दिसले कि आंध्रप्रदेशातील वैश्य समुदाय अंदाजे तीन हजार वर्षांपासून त्याच प्रदेशातील इतर समुदायांपेक्षा जनुकीय दृष्टीने वेगळा झाला.'हु वी आर अंड हौउ वी गॉट हियर' या त्याच्याजगप्रसिद्ध पुस्तकात हार्वर्ड मेडिकलस्कूल मधील अनुवंशशास्त्रज्ञ डेविड रीस यालाच'पापुलेशन बॉटलनेक' म्हणतो. जेव्हा एखाद्या मानवी गटामधील लोक सामाजिक किंवा भौगोलिक अडथळ्यामुळे त्यांच्या भोवतालच्या लोकांपासून अनुवांशिकदृष्ट्या वेगेळे राहिल्यास असी परीस्थिती तयार होते. तुलनेने कमी व्यक्तीं भरपूर संतती तयार करतात आणि त्यांचे वंशज देखील अनेक संतती जन्माला घालतात त्यामुळे सारख्याच प्रकारच्या जनुकांचा संग्रह जास्त होतो. जातीअंतर्गत विवाहांमुळे अनेक जाती अनुवांशिकदृष्ट्या वेगेळ्या राहिल्याने त्यांच्या जनुकांमध्ये वैविधता कमी होते.

आज पासून चार हजार वर्षांपूर्वी भारताची लोकसंख्या रचना आजच्यापेक्षा खूप वेगळी होती. त्याआधी, अमिश्रीत लोकसंख्या होती.परंतु त्यांनंतर भारतात तीव्र मिश्रण झाले. ज्याच्या परिणाम प्रत्येक गटावर झाला. तीन ते चार हजार वर्षांपूर्वी हडप्पा संस्कृतीचा ऱ्हास झाला. त्यानंतर हडप्पा संस्कृतीमधील लोक दक्षिण आणि पश्चिम भागात स्तलांतरित झाले. इंडो – युरोपियन भाषिकांचे याच दरम्यान आगमन झाले.

कठोरपणे जातीअंतर्गत विवाहांची सुरवात १९०० वर्षांच्या पूर्वीपासून झाली. इंडो-युरोपियन भाषिकांचे आगमन इसविसनपूर्व २००० ते इसविसनपूर्व १५०० या दरम्यान झाले असं मानल्या जाते. ऋग्वेदाची रचना इसविसनपूर्व १५०० च्या दरम्यान केल्या गेली. ऋग्वेदाच्या जुन्या भागात जातिव्यवस्थेचा अजिबात उलेख नाही. ब्राम्हण, क्षत्रिय, वैश्य आणि शुद्र यांचा समावेश असलेली चार वर्णांची प्रणाली फक्त ऋग्वेदाच्या नंतर रचल्या गेलेल्या भागात उलेखीत आहे. परंतु जातिव्यवस्थेची कठोरपणे पालन करण्याची संहिता मनुस्मृती मध्ये मात्र आढळते. मनुस्मुर्ती हि इसवीसनाच्या पहिल्या किंवा दुसऱ्या शतकात लिहल्या गेली त्यामुळे डी.एन.ए.विश्लेषना वरून काढल्या गेलेलंजातीअंतर्गत विवाहांची सुरवातिचा कालखंड आणि मनुस्मृतीचे कायदे कठोरपणे लागू करण्याचा कालखंड जुळत आहे.

प्रकरण १२

आजचे भारतीय

"आधुनिक जातीय भेदभाव (जातिभेद) भारताच्या प्रगतीतील एक अडथळा आहे. तो (क्षेत्र) संकुचित करतो, निर्बंध घालतो आणि विभागतो. विचारांच्या प्रगतीपुढे (नव्या विचारांच्या प्रभावाखाली) तो पत्त्यासारखा कोसळून पडेल." – स्वामी विवेकानंद

५० हजार वर्षांपूर्वी आफ्रिकेतून आलेल्या बुद्धिमान मानवाच्या काही हजार लोकसंख्येतून आज हा देश जवळपास १५० कोटी लोकांचा विशाल असा जनसागर बनलेला आहे. सुरवातीच्या शिकारी आणि अन्नसंकलकानी ८-१० हजार वर्षांपूर्वी वनस्पतींची लागवड आणि प्राण्यांचे संगोपन सुरु केले. त्या सोबत मेहरगढ, लहुरादेवी आणि इतर ठिकाणी कृषीसंस्कृतीची मुहूर्तमेढ रोवल्या गेली. ४६००-३९०० हजार वर्षांपूर्वी एक महान सिंधू सभ्यता जी एक त्यावेळी अस्तिवात असणाऱ्या सभ्यतांमधील अत्याधुनिक नागरी सभ्यता होती तीचा ३९०० वर्षांपूर्वी अंत झाला. परंतु सिंधू सभ्यतेचे रहिवासी भारतात इतरत्र स्थलांतरित झाले.सिंधू संस्कृतीच्या (IVC) ऱ्हासानंतर, ही लोकसंख्या स्टेप (Steppe) वंशावळ असलेल्या वायव्यकडील गटांशी मिसळली, ज्यातून 'अन्सेस्टर नॉर्थ इंडियन्स' (ANI - पूर्वज उत्तर भारतीय) गट तयार झाला. तसेच, ही लोकसंख्या आग्नेय गटांशी मिसळली, ज्यातून 'अन्सेस्टर साऊथ इंडियन्स' (ASI - पूर्वज दक्षिण भारतीय) गट तयार झाला, ज्यांचे थेट वंशज आज दक्षिण भारतातील आदिवासी गटांमध्ये राहतात (नार्सिम्हन आणि इतर २०१९). म्हणजेच आज प्रत्येक भारतीय

जो अनुवांशिकरित्या पूर्वज दक्षिण भारतीय (ASI) आणिपूर्वज उत्तर भारतीय (ANI) या दोन्ही वंश साखळीच्या मिश्रणातून बनलेला आहे त्या प्रत्येकामध्ये ५० हजार वर्षांपूर्वी आफ्रिकेतून आलेल्या बुद्धिमान मानवाचा डी.एन.ए., सिंधू संस्कृतीमधील रहिवाश्यांचाडी.एन.ए.आणि कमी अधिक प्रमाणात गवताळ प्रदेशातून आलेल्या इंडो-युरोपियन भाषिक आर्यांचाडी.एन.ए.हा आहे. १९००-४२०० वर्षांच्या आधीच्या कालखंडामध्ये मिश्रण झाल्यामुळे आजची भारतीय जनसंख्या हा या मिश्रणाचा परिपाक आहे. या मिश्रणाला नंतरच्या काळात जातीप्रथेच्या कृत्रिम बंधनाने थांबवल्या गेलं. वर्णव्यवस्था, जातीव्यवस्था आणि कठोर अशी अस्पृश्यता लादून संपूर्ण प्राचीन भारतीय समाजाला लहान मोठ्या अनुवांशिक गटांमध्ये विभागल्या गेलं.कृत्रिम बुद्धिमत्तेच्या माहिताच्या आधारवर हि संख्या तीन हजार पेक्षा जास्त जाती आणि २५ हजार पेक्षा जास्त उपजाती असी दिलेली आहे. परंतु हि संख्या अपुरी असावी कारण संपूर्ण भारतात हि संख्या लाखोंच्या अंकांत असावी असा अदांज बांधता येतो. १५० कोटी लोकसंख्येला या लाखो अनुवांशिक गटामध्ये बंदिस्त करून जातीअंतर्गत विवाहाची कठोर सक्ती लादण्यात आली.

जातीगटांमध्ये विभागलेला भारतीय समाज भाषिक स्थरावरहि वैविध्यपूर्ण आहे. कृषीची सुरवात होण्याच्या आधी प्राचीन समाज हा जास्त प्रकारच्या भाषा बोलायचा (१२०००-२००००) आजच्या जगात एकूण ७००० भाषा बोलल्या जातात. (पागेल, २००९). आजच्या भारतात जवळपास ७८० भाषा बोलल्या जातात. भारतातील या भाषा चार भाषाकुळात मोडतात. सर्वात जास्त इंडो- युरोपियन भाषा कुळातील (जवळपास ७५%) भाषा, त्यानंतर द्रविडी भाषाकुळातील (२०%) आणि आष्ट्रो-आशियाटिक आणि चीनी-तिबेटीयन (५%) या भाषाकुळातील भाषा बोलल्या जातात.इंडो-युरोपियन: सर्वात मोठा गट, ज्यामध्ये संस्कृतमधून आलेल्या भाषांचा समावेश आहे, ज्यामध्ये हिंदी, बंगाली, मराठी, गुजराती,

पंजाबी, आसामी, उडिया आणि काश्मिरी यांचा समावेश आहे. द्रविड भाषाकुळातील- दक्षिण भारतात प्रचलित असलेल्या प्रमुख भाषा तेलुगू, तमिळ, कन्नड आणि मल्याळम आहेत. आष्ट्रो-आशियाटिक-मध्य आणि पूर्व भारतातील संथाली, गोंडी कोरकू आणि निकोबारीस यासारख्या आदिवासी लोकसंख्येद्वारे बोलल्या जाणारा सर्वात जुना भाषिक गट.चीनी – तिबेटीयन भाषाकुल-ईशान्य आणि हिमालयीन प्रदेशात बोडो आणि मणिपुरी (मेईतेई) सह विविध जमातींद्वारे बोलले जाते.

या आधीचे भारतातील डी.एन.ए. वरील संशोधन प्रामुख्याने प्राचीनडी. एन.ए.किंवामायटोकॉन्ड्रिया डीएनए किंवा Y-क्रोमोसोमडी.एन.ए.वर आधारित होते. पहिल्यांदा आजच्या भारतीयांच्या संपूर्ण जीनोम चा अभ्यास करून त्यावर संशोधन लेख २६ जुन २०२५ ला संशोधन पत्रिका 'सेल' मध्ये प्रकाशित करण्यात आला. कॅलिफोर्निया विद्यापीठ, बर्कली आणि अखिल भारतीय आयुर्विज्ञान संस्था, नवी दिली यांच्या संयुक्त विद्यमाने हा प्रोजेक्ट राबविण्यात आला. जगातील ३२ शास्त्रज्ञ यात सहभागी झालेले होते. भारतातील २७६२ व्यक्तींच्या संपूर्ण जीनोम वर आधारित हा अभ्यास केल्या गेला. या २७६२ व्यक्ती भारतातील विविध भाषिक, वांशिक आणि भौगोलिक मापदंडानुसार निवळण्यात आले होते. हा प्रोजेक्टम्हणजेभारतातील वृद्धत्वाशी संबंधित अनुवांशिक विविधता समजून घेण्यासाठी आणि वृद्धापकाळातील आजारांची कारणे शोधण्यासाठी राबवलेला एक महत्त्वाचे संशोधन होते. हे संशोधन प्रामुख्याने ६० वर्षांपेक्षा जास्त वयाच्या वृद्धांमधील स्मृतीभ्रंश (Dementia) आणि संज्ञानात्मक आरोग्याचा अभ्यास करण्या करिता केले गेले होते. आजच्या भारतीयांचे प्राचीन धागेदोरे सुद्धा या संशोधनातून शोधण्याचा प्रयत्न केल्या गेला. या आधीच्या संशोधनातून जे शोधल्या गेले त्यावर एक प्रकारे शिकामोर्तब या संशोधनातून करण्यात आले. या संशोधनातून जे निष्कर्ष काढल्या गेले ते असे -

आफ्रिकेतून भारतात बुद्धिमान मानवाचे (होमो सेपियंस) चे आगमन ५० हजार वर्षांपूर्वी झाले असे या संशोधनात आढळून आले. या आधी ते ६५ हजार वर्षांपूर्वी झाल्याचे मानले जायचे. होमो सेपियंसचे आफ्रिकेतून बाहेर पडल्यानंतर भारतात येण्याच्या आधी निएंडरथल मानवासोबत आणि डेनिसोव्हन मानवासोबत प्रजनन झाले असावे कारण भारतीयांमध्ये निएंडरथल आणि डेनिसोव्हन डी.एन.ए. संपूर्ण जीनोम मध्ये १ ते २ % सापडले.

भारतातील सर्वात प्राचीन रहिवासी शिकारी-संग्राहक (शिकार करणारे आणि अन्न गोळा करणारे) असावेत, जे प्राचीन दक्षिण भारतीय (AASI) पूर्वज होते. आज त्यांचे सर्वात जवळचे अनुवांशिक नातेवाईक बंगालच्या उपसागरातील निर्जन अंदमान बेटांवरील रहिवासी आहेत. ओंगे, सेंटिनेलीज जारवा, आणि ग्रेट अंदामानीज हेअंदमान आणि निकोबार बेटांवर राहणाऱ्या आदिम नेग्रिटो जमाती आहेत. त्यांचे पूर्वज आफ्रिकेतून ४५००० ते ५०००० वर्षांपूर्वी आफ्रिकेतून दक्षिणेकडून समुद्री मागार्ने स्थलांतरित झाले. या जमातींचे दुसऱ्या कुठल्याही जमाती सोबत किंवा प्राचीन स्थलांतरीत लोकांसोबत प्रजनन न झाल्यामुळेभारतातील सर्वात प्राचीन रहिवासी शिकारी-संग्राहक (शिकार करणारे आणि अन्न गोळा करणारे) जे प्राचीन दक्षिण भारतीय (AASI) पूर्वज होते अनुवांशिक दृष्ट्या यांच्या समतुल्य मानल्या जातात. दक्षिण भारतातील लोकांमध्ये या विशिष्ट अनुवांशिकतेचे प्रमाण (ASSI) उत्तरेकडील लोकांपेक्षा जास्त आहे.

या संशोधन लेखाच्या निष्कर्षानुसार बहुतांश भारतीयांमध्ये प्रामुख्याने तीन पूर्वज गटांचे वंशावळ आढळते: दक्षिण आशियाई शिकारी-संग्रहकर्ते (South Asian hunter-gatherers), युरेशियन स्टेप पास्टोरलिस्ट (Eurasian Steppe pastoralists), आणि इराणी व मध्य आशियाई संस्कृतींशी संबंधित निओलिथिक शेतकरी. या संशोधना मध्ये जवळपास

९० % लोकांच्या संपूर्ण जीनोम मध्ये या तीनही वंशसाखळ्या म्हणजेच-दक्षिण आशियाई शिकारी-संग्रहकर्ते (ASSI), युरेशियातील गवताळ प्रदेशातील पशुपालक आणि इराणी व मध्य आशियाई संस्कृतींशी संबंधित निओलिथिक शेतकरी सापडल्या. २२ व्यक्तींच्या जीनोम मध्ये मात्र दोनच वंश साखळ्या आढळल्या त्या म्हणजेदक्षिण आशियाई शिकारी-संग्रहकर्ते (ASSI), आणि इराणी व मध्य आशियाई संस्कृतींशी संबंधित निओलिथिक शेतकरी यांच्या. या व्यक्तींच्या जीनोम मध्येयुरेशियातील गवताळ प्रदेशातील पशुपालकांची वंश साखळी आढळली नाही.या आष्ट्रो-आशियाटिक भाषिक म्हणजे आदिवासी जमाती मधील व्यक्ती होत्या ज्यांच्या जीनोम मध्येयुरेशियातील गवताळ प्रदेशातील पशुपालकांची वंश साखळी आढळली नाही. काही व्यक्ती ज्या ओडिशा आणि पश्चिम बंगाल मधील रहिवाशी होत्या त्यांच्या जीनोम मध्ये थोडा अंश हा पूर्व आशियन लोकांच्या वंश साखळीचा आढळला.

सध्याच्या पाकिस्तानातील मेहरगढ (मेहरगढ) सह पुरातत्वीय पुरावे असे सूचित करतात की दक्षिण आशियात शेती ८,०००-९,००० सुरू झाली, जी कदाचित पश्चिम आशियातील नवपाषाणकालीन शेतकऱ्यांनी आणली होती, कारण त्यात गहू आणि बार्ली या पिकांचा समावेश होता. हि पिके त्यांनी स्वतःच पाळीव बनवली होती. या संशोधनातील प्रमुख शास्त्रज्ञ केर्डोनकफ यांनी मध्य आशिया आणि मध्यपूर्वेतील नूतनपाषाण युगापासून ते लोहयुगापर्यंत १४ प्राचीन लोकसंख्येचे विश्लेषण केले,. त्यांनी असा निष्कर्ष काढला कि हे शेतकरी आणि पशुपालक चौथ्या सहस्त्रब्दी BCE (ईसा पूर्व) ताजिकिस्तानमधून विशेषतः, सरझम (सराझम) नावाच्या पुरातीय स्थानातून स्थलांतरित झाले असावे.

या संशोधनात भारतामध्ये प्रचलित जातीअतर्गत विवाहांमुळे जनुकीय आजार जास्त प्रमाणात असल्याचे म्हटले आहे. छोट्या लोकसंख्येच्या गटाअंतर्गत विवाह झाल्याने रोग निर्माण करणारे दोन सारखे जनुकएकत्र

येण्याची शक्यता जास्त असते. याला होमोझायगस परिस्थिती म्हणतात. लोकसंख्या मोठी असेल आणि जाती बाह्य विवाह होत असतील तर दोन भिन्न जनुक एकत्र येण्याची शक्यता वाढते. दोन पैकी एक जनुक निरोगीपणा देण्यास उपयुक्त ठरतो. आंध्रप्रदेशातील वैश्य जातीत जवळपास तीन हजार वर्षांपासून जातीअतर्गत लग्न होत आहेत. या जातीत एक दुर्धर जनुक आजार ज्यात मसल परालेसीस बघायला मिळते.

४०००-३५०० हजार वर्षांपूर्वी तयार केलेली हि जातीव्यवस्था आज मोडकळीस येण्याऐवजी ती अधिक ठोस होत असताना दिसत आहे. राजकीय पक्षांना जातींचे एक गठ्ठा मत मिळत असल्यामुळे राजकीय पक्ष जातीच्या भिंती अधिक मजबूत बांधण्याचे काम करीत आहेत.जातीचे आरक्षण मिळवण्यासाठी एकाच जातीचे जातबांधव एकत्रित येऊन मोर्चे, मेळावे आणि आंदोलने करीत आहेत. आपल्याच जातीमध्ये विवाह जुळविण्या करिता नवोदित वधु वर मेळावे मोठ्या प्रमाणात होत आहेत. लग्न जोडनाऱ्या आधुनिक व्यवस्था म्हणजे matrimoni सुद्धा जातीचे रकाने भरूनच लग्नाची जुळवाजुळव करत आहेत. जातींचे मेळावे भरवणे आणि त्यात राजकीय नेत्यांना आमंत्रित करणे हे अगदी प्रतिष्ठेचे झाले आहे. जातीबाहेर लग्नाची फार मोठी किमंत म्हणजे मुलाला किंवा मुलीला किंवा एकाच वेळी दोघांना मोजावी लागते ती म्हणजे honour killing च्या नावाखाली त्यांची अतिशय निर्घुण पणे हत्या केली जाते. २०२१ मध्ये तत्कालीन केंद्रीय मंत्र्यांनी संसदेत दिलेल्या माहितीप्रमाणे वेगवेगळ्या राज्यांमध्ये प्रत्येक वर्षी honour killing च्या मुळे ५०-१०० लोकांचा बळी जातो. जातीव्यवस्था संपविण्या करिता सर्वात जालीम उपाय म्हणजे जातीबाह्य विवाहाना प्रोत्साहन देणे. परंतु सध्या या उपायांना ना सरकार ना समाज प्रतिष्टा देत आहे आणि त्यामुळे आजचा भारत हा जुन्या परंपरा आणि जाती सारख्या खोट्या प्रतिष्ठा जिवंत ठेऊन आधुनिक किंवा नव्या भाषेत विश्व-गुरु होण्याचे स्वप्न बघतो आहे.

Bibliography

Achary K. Subhendu. Origin and concept of caste: Various theories. *Human population Genetics*-Gautam K.Kshatriebook.inflitnet.ac.in

Anek R.Sankhyan. The Emergence of Homo sapiens in South Asia: The Central Narmada Valley as a Witness.*Human Biology Review* (ISSN 2277 4424) 2 (2) 2013

Andrea Picin, Oshan Wedage, James Blin Khorn, Noel Amano. Homo sapiens lithic technology and Microlithization in South Asian Rain Forest at Kitugala Beli-lena (C.45-8000 years ago PLOS one October 2022.17 (10)

Anthony, David W. *The Horse, the wheel and Language*: How Bronze age Riders from Euresian Steppes Shaped the Modern World. Princeton University Press, 2007.

Ansumali Mukhopadhyay, B. Ancestral Dravidian languages in Indus Civilization: Ultra conserved Dravidian tooth-word reveals deep linguistic ancestry and supports *genetics. Humanit* Soc Sci Commun 8, 193 (2021). https://doi.org/10.1057/s41599-021-00868-w

Audrey Truschke – India: *5000 years of History of the subcontinent* – Priceton University Press June 2025

B. Basak et.al. Earlier dates of Microlithic Industries from west Bengal, Eastern India: New light on Modern Human Occupation in the Indian subcontinent. Asian perspectives 56 (2) 2017 pp 237-59

Charles Allen – *Aryans the Search for a people a Place and Myth* – Hachette book Publishing India 2023

Chris Clarkson. Human Occupation of Northern India Spans the Toba super-eruption ~74,000 years ago *Nature Communications* | (2020) 11:961 | https://doi.org/10.1038/s41467-020-14668-4 | www.nature.com/naturecommunications

C. Clarkson et.al. Human occupation of Northern India Spans the Toba super-eruption 74000 years ago. Nature communication.2013 pp 1-10

Devy G.N., Tony Joseph, Ravi Korisettar-*The Indians: Histories of a civilization* – Alep book Company – 2023

Dhawalikar Madhukar Keshav – *AryanchyaShodha*t (Marathi Book) – Rajhans Prakashan – 2018

Ghurye, G. S.1932. Caste and Race in India. London: Kegan Paul.Giddens, *A.. Sociology*. Cambridge: Polity Press. 1989

Heggarty, Paul et.al. Languages trees with sampled ancestors support an early origin of the Indo-European languages. *Science.* 381.414, eabg0818.10.1126/science.abg0818

H.D. Sankalia, Prehistory of India , Delhi, Munsiram Manoharlal 1977

James Blinkhornand Michael D. Petraglia. Environments and Cultural Change in the Indian Subcontinent Implications for the Dispersal of Homo sapiens in the Late Pleistocene. *Current Anthropology Volume* 58, Supplement 17, December 2017

Jared Diamond – *Guns Germs and Steel;* The Fates of Human Societies W.W.Norton and Company 1997

Kerdoncuff et al., 50, 000 years of evolutionary history of India: Impact on health and disease variation *Cell* 188, 3389–3404 June 26, 2025 © 2025. https://doi.org/10.1016/j.cell.2025.04.027

K. Paddamayya and S.G. Deo Prehistory of South Asia. The lower Paleolithic or Formative Era of Hunting – gathering Bangalore. The mythic Society 2017.

Lazaridis, I., Patterson, N., Anthony, D. et al. The genetic origin of the Indo – Europeans *Nature* **639**, 132–142 2025. https://doi.org/10.1038/s41586-024-08531-5

Leonardo Valliniet.al The Persian plateau served as hub for Homo sapiens after the main out of Africa dispersal. *Naturs Communication* 25 March 2025 https://doi.org/10.1038/s41467 – 024-46161-7

Marc Haber, et.al. A Rare Deep-Rooting D0 African Y-Chromosomal Haplogroup And Its Implications for the Expansion of Modern Humans Out of Africa, *Genetics*, Volume 212, Issue 4, 1 August 2019, Pages 1421 1428, https://doi.org/10.1534/genetics.119.302368

M.D. Petraglia et.al. Middle Peleolithic Assemblages from the Indian subcontinent before and After the Toba – Super Eruption. Science 317 2007 pp 114-16.

Mishra, Vikash Chandra et.al. Mitochondrial DNA Haplogroups Frequency Analysis among North Indian Population: A Resource for Establishing Maternal Relationships in Solid Organ Transplantation-**Indian *Journal of Transplantation*** 19 (1):p 58-63, Jan-Mar 2025. | DOI: 10.4103/ijot. ijot_76_24)

Michel Petragilia et.al. Out of Africa New hypothesis and Evidance for Dispersal of Homo sapiens Along the Indian Ocean Rim *Annals of Human Biology*. March 2010 DOI: 10.3109/03014461003639249

M.K. Dhawalikar, Socio-Economic Archeology of India, New Delhi. Archeological Survey of India, 2014.

Moorjani P, Thangaraj K, Patterson N, Lipson M, Loh PR, Govindaraj P, Berger B, Reich D, Singh L. Genetic evidence for recent population mixture in India. *Am J Hum Genet.* 2013 Sep 5;93 (3):422-38 Epub 2013 Aug 8.

Narasimhan, Vagheesh & Patterson, Nick & Moorjani, Priya & Lazaridis, Iosif & Lipson, Mark & Mallick, Subhashis & Rohland, Nadin & Bernardos, Rebecca & Kim, Alexander & Nakatsuka, Nathan & Olalde, Iñigo & Coppa, Alfredo & Mallory, James & Moiseyev, Vyacheslav & Monge, Janet & Olivieri, Luca & Adamski, Nicole & Broomandkhoshbacht, Nasreen & Candilio, Francesca & Reich, David. and others (total 107 authors) The Genomic Formation of South and Central Asia. *Science 6* Sep 2019 Vol 365, Issue 6457 DOI: 10.1126/science.aat7487

Nimal Perera et.al. people of the Ancient rain Forest: Late Pleistocene foragers at Batadoma-lena rock Shelter Sri. Lanka J. human evolution 61(3) Sept. 2011 254-269.

Oshan Wedage, Noel Amano, Patrick Roberts. Specialized Rain forest hunting by homo sapiens-45000 years ago Nature com.10739 (2019).

P.Mellars et.al. Going east: New genetic and Archeological Perspectives on the modern human colonization of Eurasia Science 313 2006 pp 796-800.

Reich, D. et al. Reconstructing Indian Population History. *Nature* **461**, 489-494 – 2009

Reich, D. *Who We are and How We Got Here*. Oxford University Press 2018

Robin Dennell and Michael D. PetragliaThe Dispersal of Homo sapiens Across Southern Asia: How early, How often, How complex *Quaternary Science Review* 47 (2012) 15e22

Romila Thapar, Michael Witzel, Jaya Menon etc..*Which of Us are Aryans*? – Aleph Book company 2019

Shrikant G. Telagiri – Genetics and Aryan debate Early Indians Tony Joseph's Latest Assult-*Voice of India,* New Delhi-2023

Silva, M., Oliveira, M., Vieira, D. et al. A genetic chronology for the Indian Subcontinent points To heavily sex-biased dispersals. *BMC Evol Biol.* **17**, 88 – 2017. https://doi.org/10.1186/s12862-017-0936-9

Sonkia A. 1985 Early Homo from Narmada valley India .In Ancestors the hard Evidences (E.Delson Edi.) p.p.334-38 New York: Alan Liss.inc.

Stephen Opppenhaimer The great arc of dispersal of modern humans: Africa to Australia *Quaternary International* Volume 202, Issues 1–2, 1 June 2009, Pages 2-1

Scorrano, G., Yediay, F. E., Pinotti, T., Feizabadifarahani, M., & Kristiansen, K. 2021. The genetic and cultural impact of the Steppe migration into Europe. *Annals of Human Biology,* 48 (3), 223–233. https://doi.org/10.1080/03014460.2021.1942984

Saioa López, Lucy van Dorp, Garrett Hellenthal Human Dispersal Out of Africa: A Lasting Debate *EvolBioinform Online* 2016 Apr 21;11 (Suppl 2):57–68

Shinde Vasant, Vagheesh M. Narasimhan, Nadin Rohland,..., Nick Patterson, Niraj Rai, David Reich. An Ancient Harappan Genome Lacks Ancestry from Steppe Pastoralists or Iranian Farmers.*Cell* 179, 729–735October 17, 2019 Elsevier Inc https://doi.org/10.1016/j.cell.2019.08.048

Tony Joseph – Early Indians: the Story of our ancestors and Where we come from 2018 Juggernaut Books

Thomas R. Trautmann – The Aryan Debate Oxford University Press 2007

Patnaik R and Chauhan P India at the cross-roads of human evolution; *J. Biosci.* 2009 **5** 729–747 **DOI** 10.1007/s12038-009-0056-9

Pagel M (2009) – Human language as a culturally transmitted replicator. *Nat Rev Genet* 10 (6):405–415

Watkins, W & Thara, Rangawsamy & Mowry, Bryan & Zhang, Y & Witherspoon D & Tolpinrud, Whitney & Bamshad, M & Tirupati, Srinivasan & Ramachandran, Padmavati & Smith, Heather & Nancarrow, Derek & Filippich, Cheryl & Jorde, Lynn. (2009). Genetic variation in South Indian castes: Evidence from Y-chromososome mitochondrial, and autosomal polymorphisms. *BMC genetics*. 9. 86. 10.1186/1471-2156-9-86.

Yuval Noah Harari-Sapiens: A Brief History of Humankind. Penguin Random House 2015.

लेखक परिचय

लेखक ब्रजलाल बियाणी विज्ञान महाविद्यालय अमरावती, महाराष्ट्र (भारत) येथे वनस्पतीशास्त्र (Botany) विषयाचे प्राध्यापक आहेत. मागील अठावीस वर्षांपासून अध्यापना सोबत संशोधन आणि लेखन करीत आहेत. अभ्यास क्रमिक पुस्तकांसोबतच मराठीत लोकप्रिय विज्ञानावर आधारित वर्तमानपत्रात लेख आणि पुस्तके लिहली आहेत. लेखकाच्या मार्गदर्शनाखाली तीन विध्यार्थी Ph.D. झालेले असुन सहा विद्यार्थी संशोधनाचे कार्य करीत आहेत. अनेक राष्ट्रीय आणि आंतरराष्ट्रीय संशोधन पत्रिकांमध्ये लेखकानी संशोधन लेख प्रकाशित केले आहेत.

भारतीयांचा डी. एन.ए. प्रवास

आपण कुठून आलो ?

फक्त भारतीयांचेच नव्हे तर संपूर्ण जगातील जवळपास साडे आठ अब्ज लोकांचे पूर्वज कधीतरी फक्त आफ्रिकेत उत्क्रांत झाले आणि वेगवेगळ्या कालखंडामध्ये जगभर पसरले. वांशिकदृष्ट्या भारतीय लोकसंख्या हि तीन मुख्य स्थलांतरा मुळे घडलेली आहे. सर्वप्रथम आफ्रिकेत उत्क्रांत झालेल्या बुद्धिमान मानवाच्या काही टोळ्या साधारणता: ५०- ६५ हजार वर्षांपूर्वी आफ्रिकेतून बाहेर पडून पश्चिम आशिया मार्गे दक्षिण आशिया म्हणजेच भारतात पोहचल्या. त्यांनी भारतीय लोकसंख्येचा पायवा तयार केला. त्यानंतर साधरणता: ९- ते १० हजार वर्षांपूर्वी इराणच्या झाग्रोस पर्वतीय भागातून दुसरे स्थलांतरा झाले. या स्थलांतरीत इराणियन पूर्वजांनी येथील ५०- ६५ हजार वर्षांपूर्वी आफ्रिकेतून आलेल्या बुद्धिमान मानवासोबत प्रजनन करून दक्षिण भारतीय पूर्वज वंशावळ तयार केली. त्यांनंतर ३ ते ४ हजार वर्षांपूर्वी युरेशिया च्या गवताळ प्रदेशातून इंडो-युरोपियन भाषिकांनी (आर्यांनी) स्थलांतर केले. या तिसऱ्या स्थलांतरा नंतर उत्तर भारतीय पूर्वज वंशावळ तयार झाली. या तीनही प्राचीन पूर्वजांचे आजचे भारतीय हे आनुवंशिक अपत्ये आहेत. ५० -६५ हजार वर्षांपूर्वी सुरु झालेल्या या प्रवासाचा साक्षीदार सर्वांच्याच पेशीत डी. एन.ए. च्या रुपात सर्वांच्या रक्तात आहे. अत्याधुनिक अशा आण्विक जीवशास्त्राच्या (**मोलेक्युलर बायालॉजी**) मदतीने आजच्या लोकसंख्येचे आनुवंशिक विश्लेषण करून आणि प्राचीन मानवांच्या अवशेषांमधील डी.एन.ए. चा अभ्यास करून काही विवादास्पद आणि पुरातात्त्विक गहन प्रश्नांची उतरे शोधण्यात आली आहेत. जसे -

१. आर्य बाहेरून आले कि इथलेच?

२. आज जगात बोलल्या जाणाऱ्या इंडो- युरोपीयन भाषा कुळाची उत्पती कुठे झाली?

३. सिंधू संस्कृतीमधील लोकं कोण होती?

४. सिंधू संस्कृतीमधील राखीगडी येथील एकमेक अवशेषातील डी. एन.ए. काय सांगतोय?

५. भारतात जातीव्यवस्था कधी सुरु झाली?

६. आजचे भारतीय नेमके कोणत्या वंशावळी तील आहेत?

या सर्व प्रश्नांची उतरे मानववंशशास्त्रज्ञ, भाषाशास्त्रज्ञ, पुराजीवशास्त्रज्ञ आणि आण्विक जीवशास्त्रज्ञ यांनी शोधलेली आहेत. परंतु ती किचकट अशा तांत्रिक आणि वैज्ञानिक संशोधन लेखांच्या स्वरुपात असल्यामुळे सर्वसामान्य वाचकापर्यंत पोहचली नाहीत. म्हणून याबाबत अगदी अद्ययावत म्हणजे २०२५ पर्यंत झालेल्या संशोधनाचा मनोरंजक प्रवास आपल्या करिता या पुस्तकाच्या माध्यमातून समोर आणला गेलाय...

www.ingramcontent.com/pod-product-compliance
Lightning Source LLC
LaVergne TN
LVHW050916210926
848482LV00012B/459
9798903426546